VOGELSTIMMEN

Jan Pedersen · Lars Svensson
Einhard Bezzel

VOGELSTIMMEN

Unsere Vögel und ihr Gesang

Jan Pedersen und Lars Svensson
Ins Deutsche übertragen von Einhard Bezzel

Mit 165 farbigen Fotos, 104 Illustrationen und 186 Hörbeispielen

MALIK

Inhalt

Vogelstimmen berühren die Herzen

Vogelgesang kündigt den Frühling an und beflügelt die Sehnsucht nach einem baldigen Sommer. Wenn das Amselmännchen seine ersten schüchternen Strophen flötet oder die Schwalben sich nach ihrer Rückkehr aus dem Süden mit fröhlichem Zwitschern unterhalten, erwacht das Verlangen nach einem Neubeginn am Ende des langen Winters. Mit diesem Band lässt sich die Zeit des sehnsüchtigen Wartens verkürzen. Denn mit den integrierten Vogelstimmen kann man den wunderschönen Gesang der Vögel zu jeder Jahreszeit und an jedem Ort genießen und sich selbst oder jemand anderen – egal, ob jung oder alt – überraschen und auf die bevorstehenden Abenteuer im kommenden Frühjahr einstimmen.

Nur wenige Naturerlebnisse gehen so ans Herz wie der Gesang der Vögel. Viele Menschen wissen jedoch nicht, dass für gewöhnlich nur die Männchen sangeskundig sind oder dass einige Vögel, wie zum Beispiel die Rotkehlchen, fast das ganze Jahr über zu hören sind. Gelegentlich singen aber auch die Weibchen; wieder sind die Rotkehlchen dafür ein gutes Beispiel. Auf diese Weise wollen sie wie die Männchen ihr Revier verteidigen. Sie hören aber damit auf, sobald sie einen Partner gefunden haben.

Manche Vögel erkennt der unerfahrene Beobachter sogar nur ihrer Stimme nach. Jeder weiß zum Beispiel, dass der Kuckuck seinen Namen singt. Aber wer hat eine Ahnung davon, wie der Vogel überhaupt aussieht? Andere Vogelarten gleichen sich fast bis auf die Feder, sodass man sie lediglich anhand ihrer Stimme eindeutig unterscheiden kann, wie Zilpzalp und Fitis, Sumpf- und Weidenmeise.

Vogelgesang ist ein lebendiger Teil unseres täglichen Lebens und vermittelt uns Freude an der Natur. Wenn der Jubelgesang der Feldlerche nicht mehr gen Himmel steigen, der helle Triller der Blaumeise nicht mehr aus dem Apfelbaum erklingen oder der weit schallende stimmungsvolle Gesang der Nachtigall die Stille einer Frühlingsnacht nicht mehr beleben würde – wie viel eintöniger und ärmer wäre unser Leben.

Vielen von uns fällt es schwer, das Auseinanderhalten der verschiedenen Gesänge und Rufe zu erlernen; allzu oft meint man in dem Durcheinander ähnlicher Laute kaum eine Art bestimmen zu können. Am besten fragt man dann einen erfahrenen und kenntnisreichen Vogelbeobachter. Aber die wenigsten kennen einen. Deshalb hoffen wir, dass dieses »singende« Buch eine Lücke schließt und Ihnen dabei hilft, die Vogellaute zu erkennen. Beeindruckende Fotos und Zeichnungen und ein informativer Text verbinden die Stimmen mit dem Aussehen der Vögel und geben ihnen einen Namen. Das Beste zum Schluss: Das Buch wird nicht müde, auch wenn Sie immer wieder fragen, wie der Buchfink oder irgendein anderer Vogel ruft oder singt. Drücken Sie so oft auf den Knopf, bis Sie seine Stimme kennen. Viel Spaß dabei!

Jan Pedersen, Lars Svensson, Einhard Bezzel

DER KLEINE ZAUNKÖNIG SCHMETTERT SEINEN GESANG ÜBERRASCHEND LAUT.

RAUCHSCHWALBEN MELDEN SICH MIT EINEM FRÖHLICHEN SCHWÄTZEN VORM HAUS.

Musik und ihre Signale

Wie unsere Sprache Grundlage der Kommunikation ist, haben auch die Lautäußerungen jeder Vogelart besondere Funktionen oder Bedeutungen – sei es der melodische Gesang oder das krächzende Geschrei, der Vortrag des Solisten oder das Krakeelen eines Schwarms. Ornithologen forschen seit Jahrzehnten, um die vielfältige musikalische Sprache der Vögel zu entschlüsseln. Wir werden wohl nie mit absoluter Sicherheit sagen können, welche Botschaften viele Arten mit ihren komplexen Lautmustern übermitteln, haben aber auf diesem Gebiet bereits große Fortschritte gemacht.

Tonumfang und Phrasierung der Vogelgesänge bieten eine beeindruckende Vielfalt. Einige Rufe werden als akustische Waffen eingesetzt, mit denen man einen Rivalen herausfordert und besiegt, andere dienen als Klangmarkierungen, die ein Revier ankündigen und eingrenzen, als romantische Balladen, um Weibchen zu betören, als Alarmsystem, um Partner, Artgenossen oder Nachwuchs vor einer drohenden Gefahr zu warnen, oder ganz einfach dazu, um miteinander in Kontakt zu bleiben.

GESÄNGE UND RUFE

Will man eine bestimmte Vogelart identifizieren, bieten ihre Gesänge und Rufe oft die wichtigsten Anhaltspunkte. Einige Vögel können nur daran sicher unterschieden werden, und andere hört man eher und häufiger, als man sie sieht, wie vor allem scheue und in dichter Deckung, etwa im Schilfrohr, lebende Arten. Vogellaute lassen sich grob in zwei Gruppen einteilen: in Gesänge und Rufe.

Ein *Gesang* ist meist melodisch, manchmal auch lang und wird wiederholt vorgetragen. In der Regel singen nur die Männchen, um ihr Revier zu verteidigen und ein oder mehrere Weibchen anzulocken. Eine zusätzliche kleine Show kann die Wirkung des Gesangs noch verbessern: etwa am Boden auffällig mit den Flügeln schlagen oder ein Singflug. Bei Letzterem singt das Männchen, während es emporfliegt und sich dann wie mit einem Fallschirm hinabgleiten lässt, was man zum Beispiel beim Baumpieper beobachten kann. Oder es zeigt akrobatische Flugspiele wie der Kiebitz mit seinem temperamentvollen Lufttanz.

Vogelgesang kann aber auch auf individuellen Fertigkeiten beruhen. Bei einigen Arten singen manche Männchen deutlich virtuoser als ihre Konkurrenten. Vögel haben auch Dialekte, die geografische Unterschiede wiedergeben. Wieder andere sind geschickte Nachahmer, die Laute und Geräusche ihrer Umgebung oder Vögel, die sie bereits als flügge Jungvögel im Sommer in der Brutheimat oder später als Erwachsene weit davon entfernt im Winterquartier gehört haben, imitieren. Gesang kann zudem die Bindung eines Paares festigen. Bei einigen Arten, wie bei den Rotkehlchen, singen auch die Weibchen und manchmal, wie bei den Waldkäuzen, beide Partner sogar im Duett.

Man hat herausgefunden, dass einige besonders laute Sänger, die sich viel im Revier hin und her bewegen, versuchen, konkurrierende Männchen derselben Art auszutricksen. Sie gaukeln ihnen auf diese Weise vor, dass mehrere Männchen den Platz beanspruchen würden, und schrecken sie damit ab, zu nahe zu kommen.

Früher verwendete man den Begriff Gesang ausschließlich für Singvögel, zu denen die meisten unserer Kleinvögel zählen. Heute und auch in diesem Buch wird der Begriff Gesang ebenso auf Arten bezogen, denen man bisher keinen Gesang, sondern nur einen Balzruf oder Revierruf anstelle eines Gesangs zugesprochen hat. Das gilt etwa für das Kullern des Birkhahns oder die Lachstrophe des Grünspechts.

Rufe umfassen viele Lautäußerungen der Vögel, die man oft das ganze Jahr über hören kann. Für einzelne Situationen gibt es bestimmte Rufe, ein Ruf kann aber auch in unterschiedlichen Situationen zu hören sein, etwa als Kontakt- oder Flugruf:

- *Kontaktrufe* (in strenger Definition) dienen dazu, andere Vögel derselben Art anzulocken.
- *Schwarmrufe* werden zwischen einzelnen Individuen ausgetauscht oder sollen einen Schwarm zusammenhalten. Ihre Funktionen können sich mit denen von reinen Kontaktrufen überschneiden. In einem großen Schwarm klingen sie wie schwer wiederzugebendes akustisches Durcheinander.
- *Flugrufe* sind zu hören, wenn Vögel starten oder fliegen. Sie dienen denselben Zwecken wie Kontakt- oder Schwarmrufe.
- *Alarm- oder Angstrufe* drücken Unsicherheit aus und Besorgnis bei einer möglichen, aber nicht immer genau auszumachenden Gefahr. Sie sind meist nicht sehr laut.
- *Warnrufe* werden nach dem Erkennen einer Gefahr in der Nähe eines Nestes, aber auch bei der Nahrungssuche ausgestoßen, wenn sich ein möglicher Beutegreifer nähert. Sie sind oft laut und durchdringend hoch und deshalb für den Feind schwer zu orten.
- *Bettelrufe* werden von Jungvögeln ausgestoßen, die Futter von ihren Eltern fordern. Manchmal äußert sie auch ein Weibchen gegenüber seinem Männchen. Die Rufe von Jungen sind mitunter über sehr weite Entfernungen zu hören, wie etwa bei jungen Sperbern oder Waldohreulen.
- Wieder andere Rufe hört man bei aggressiven Auseinandersetzungen, der Nahrungssuche oder der Paarung.
- Einige Vögel produzieren auch Instrumentallaute, ohne dabei ihre Stimme einzusetzen, etwa mit Flügel- oder Schwanzfedern während des Fliegens. Ein Beispiel dafür bieten die rhythmischen Töne, an denen man einen fliegenden Schwan als Höckerschwan erkennen kann. Andere Instrumentallaute sind die Trommelwirbel der Spechte, die mit ihren Schnäbeln in rascher Folge gegen einen dürren Ast schlagen.

Gesänge und Rufe der Vögel kennenzulernen erfordert viel Zeit. Aber der Aufwand lohnt sich und schenkt Wissen von unschätzbarem Wert. Viele Arten haben derart charakteristische Rufe, dass sie leicht zu erkennen sind, andere müssen als unbekannt durchgehen oder lassen sich von anderen Arten nicht unterscheiden.

Einen guten Einstieg zum Kennenlernen der Vogelstimmen bietet das zeitige Frühjahr, wenn viele Sommervögel noch nicht zurückgekommen und die Bäume noch ohne Blätter sind. Dann lernt man zunächst die Laute der häufigsten Jahresvögel, der sogenannten Standvögel, denen man auch im Winter bei uns begegnen kann. Hat man sich mit Meisen, Kleibern oder Spechten erst einmal vertraut gemacht, bevor die meisten Zugvögel im April oder Anfang Mai in rascher Folge eintreffen, kann man sich auf die neuen Stimmen leichter konzentrieren. Ein guter Ansatz ist auch, auf bestimmte Merkmale zu achten. Variiert ein Vogel die Details seines Gesangs, oder werden die Strophen gewissermaßen mechanisch wiederholt? Steigt oder fällt die Tonhöhe, oder bleibt sie auf einem Niveau? Gibt es lange oder kurze Pausen zwischen den Strophen? Solche Einzelheiten helfen bei der korrekten Bestimmung eines Vogels.

Erfolg versprechend ist auch, sich die ersten Eindrücke beim Anhören eines unbekannten Gesangs zu notieren, etwa über Tonhöhe, Zusammensetzung und Lautstärke. Die eigenen Aufzeichnungen kann man dann mit den Beschreibungen in diesem Buch vergleichen und sich die dazugehörigen Laute anhören. Doch sowohl die Höreindrücke als auch die Aufnahmen stammen von einzelnen Individuen. Da sich die Lautäußerungen zwischen einzelnen Individuen in der Realität ein wenig unterscheiden können, sollte man sich nicht wundern, wenn die im Garten oder auf einem Spaziergang gehörten Vögel etwas anders klingen als in der Aufnahme.

Um die Vogellaute zusätzlich zu den Tonaufnahmen im Text zu beschreiben, sind die Gesänge und Rufe mit *kursiven* Buchstaben »übersetzt« worden. Die Silben in **fetter Schrift** werden dabei stärker betont als die übrigen. Zwischenräume und Punkte deuten die Geschwindigkeit an, mit der die Silben vorgetragen werden: *Tik...tik...tik...* bedeutet sehr langsam, *tik, tik, tik* langsam, *tik tik tik* oder *tik-tik-tik* schneller und *tiktiktik* sehr schnell. Mit *ŕŕŕŕr* wird die schnellste Folge angezeigt.

Zur Anwendung des Abspielgeräts

Am linken oberen Seitenrand steht zu jeder Vogelart die jeweilige Gruppe, der sie zugeordnet wird (Entenvögel, Hühner, Möwen usw.). Oben in der Mitte ist die Art der Lautäußerung angegeben (Gesang, Ruf usw.) und in der rechten oberen Ecke die Nummer, unter der die dazugehörige Aufnahme auf dem Tonträger zu finden ist. Für manche Arten gibt es mehrere Aufnahmen von unterschiedlichen Lautäußerungen. Die Nummern sind dann entsprechend zur Reihenfolge der genannten Lautäußerungen angegeben.

- Mit Druck auf Knopf A wird das Gerät gestartet.
- Mit den Knöpfen C (zurück) und D (vorwärts) wird die Nummer der gewünschten Lautäußerung gewählt. Um die vorhergehende oder nachfolgende Aufnahme zu wählen, wird C oder D einmal gedrückt. Für schnelles Vor- oder Zurückspringen hält man C oder D gedrückt.
- Das Abspielen einer Aufnahme kann durch einmaliges Drücken von Knopf A gestartet oder gestoppt werden.
- Zur Regelung der Lautstärke wird + oder – auf Knopf E gedrückt. Auf der linken Seite des Displays (B) ist die gewählte Lautstärke zu erkennen.
- Das Gerät schaltet sich 30 Sekunden nach der letzten Aktivität aus. Will man es von Hand abschalten, hält man Knopf A etwa drei Sekunden lang gedrückt. Nach erneutem Anschalten zeigt das Display die zuletzt gewählte Aufnahme an.
- Das Abspielgerät enthält drei AAA-Batterien. Zum Batteriewechsel zieht man die Abdeckung F nach unten heraus.
- Der Tonträger darf weder Nässe noch harten Schlägen ausgesetzt werden.
- Wir haben uns um bestmögliche Tonwiedergabe bemüht. Doch sind dem Abspielgerät Grenzen gesetzt, sodass nicht alle Vogelstimmen in voller Tonqualität wiedergegeben werden können.

Verwenden Sie das Gerät bitte nicht, um Vögel anzulocken, da das bei brütenden Arten Stress verursachen kann. Außerdem sollten andere Naturliebhaber nicht gestört werden.

Kleine Vogelkunde

Namen und Systematik der Vögel haben durch neue Methoden der systematischen Forschung, insbesondere mit den Methoden der Molekularbiologie, Änderungen erfahren. Viele Einzelheiten sind jedoch noch nicht eindeutig geklärt, sodass in Vogelbüchern Unterschiede auftreten können. Dieses Buch folgt der wissenschaftlichen Taxonomie und Systematik: Die Arten werden in der Reihenfolge ihrer genetischen Verwandtschaft aufgeführt. Zur Erleichterung der Unterscheidung ähnlicher Arten wurden da und dort kleine Änderungen der Abfolge vorgenommen. Die deutschen und wissenschaftlichen Namen folgen der letzten Veröffentlichung der Artenliste der Vögel Deutschlands 2005; in wenigen Fällen sind die lateinischen Namen den neuesten Ausgaben europäischer Vogelführer angeglichen.

Vögel verändern ihr Gefieder im Lauf des Jahres, je nach Art zu verschiedenen Zeiten und auch in unterschiedlichen Rhythmen. Mit einer Mauser werden abgetragene Federn durch neue ersetzt. Manche Arten haben besondere Prachtkleider, die nach der Brutzeit durch das unscheinbare Schlichtkleid ersetzt werden. So mausern Enten im Sommer all ihre Federn, und die Männchen erwerben ein unscheinbares Schlichtkleid, das dem der Weibchen ähnlich ist. Deshalb sehen sie von Hochsommer bis Spätherbst anders aus als von Winter bis Frühsommer. Viele große Vögel mausern in den ersten Lebensjahren durch einen ganzen Satz unterschiedlicher Kleider, bis sie mit der Geschlechtsreife das Alterskleid anlegen. Steinadler durchlaufen zum Beispiel fünf bis sechs verschiedene Kleider.

PFEIFENTE, MÄNNCHEN

BRAUNKEHLCHEN, MÄNNCHEN

Armschwingen: Flugfedern am Innenflügel im Bereich der Armknochen
Augenstreif: ein oft deutlich abgesetzter dunkler Streifen, der von der Schnabelbasis bis hinter das Auge reicht
Bauch: Körperunterseite zwischen Brust und Unterschwanzdecken
Bartstreif: ein meist scharf abgesetzter dunkler Streifen vom Schnabel abwärts bis auf den Hals
Brust: Federn zwischen Bauch und Kehle, die den Bereich über dem Brustbein bedecken
Bürzel: kleiner Abschnitt zwischen Rückenende und Schwanz
Flügeldecken: drei sich überlappende Reihen kleiner Federn an der Basis der großen Schwungfedern
Handschwingen: meist etwa zehn lange und spitze Federn mit schmaler Außenfahne am Außenflügel, die im Bereich der Handknochen sitzen
Hinterkopf: Kopfende zwischen Scheitel (Kopfplatte) und Hinterhals
Kehle: Abschnitt zwischen Kinn und Brust
Mantel: Gefieder der Oberseite vom Halsansatz bis zum Rücken
Ohrdecken: kleine, meist schüttere Federn hinter dem Auge, die die Ohröffnung bedecken
Scheitel, Kopfplatte: Oberseite des Kopfes
Schulterfedern: Federn an der Schulter, die als Mantel und Schutzhülle des zusammengelegten Flügels dienen
Schwanzfedern, Steuerfedern: Federn, die den Schwanz bilden und beim Flug als Steuer sowie beim Landen als Bremse wirken
Überaugenstreif: ein oft deutlich abgesetzter heller Streifen über dem Auge
Unterschwanz: Abschnitt zwischen Bauch und Schwanz
Wange: Kopfseite hinter und unter dem Auge

♂ Männchen, ♀ Weibchen

EIN HÖCKERSCHWANPAAR MIT SEINEN GRAUEN DUNENJUNGEN

♂

Höckerschwan

Cygnus olor

Der Höckerschwan ist in weiten Teilen Europas eng mit dem Menschen verbunden, da man ihn hier zunächst als Eigentum von Königen und Fürsten, später als Zierde öffentlicher Parks einführte. Damit gelangte er in Gebiete, in denen er ursprünglich gar nicht lebte. Noch heute werden Themse- oder Alsterschwäne in einem Winterlager gepflegt, und fast überall sind Höckerschwäne zahme Dauergäste an Futterstellen für Wasservögel. Aber besonders die Männchen sind durchaus aggressive Vögel. Wenn sie schnurstracks auf einen Eindringling zuschwimmen, bilden die angehobenen Flügel einen Bogen über dem Rücken, die Brust wird nach vorne gestreckt, und der Hals ist nach hinten gelegt, sodass der Kopf zwischen den Flügeln ruht. In dieser Imponierhaltung begegnen Schwanenmännchen auch Rivalen der eigenen Art. Der Unterlegene wird dann halb fliegend und unter heftigem Platschen der großen schwarzen Schwimmhäute zwischen den Zehen übers Wasser gejagt. Im Flug erzeugen die mächtigen Flügel ein singendes, manchmal eher wummerndes rhythmisches Geräusch: etwa wie *chwou chwou chwou*. Höckerschwäne stoßen keine weithin hörbaren Rufe aus. Man kann lediglich aus der Nähe grunzende bis zischende Laute vernehmen. Die Jungen pfeifen hoch und etwas wehleidig.

Der schneeweiße Höckerschwan, der eine Körperlänge von etwa 140 – 160 cm und eine Flügelspannweite von 208 – 238 cm hat, ist mit bis zu über 15 kg Gewicht einer der Schwergewichte unter den flugfähigen Vögeln der Welt. Der orangegelbe Schnabel der Altvögel trägt an der Stirn einen schwarzen Höcker, der beim Männchen vor allem während der Brutzeit größer als beim Weibchen ist. Jungschwäne haben ein graubraunes Gefieder und keinen Schnabelhöcker.

Höckerschwäne sind fast auf allen stehenden und langsam fließenden Gewässern anzutreffen. Am Ufer oder auf einer kleinen Insel baut das Paar ein großes Bodennest aus Pflanzenteilen. Beide Eltern kümmern sich um die Jungen. Die Nahrung besteht hauptsächlich aus Wasserpflanzen. Nicht selten weiden Höckerschwäne auch in Ufernähe auf trockenem Untergrund. Viele Paare bleiben das ganze Jahr über in ihrem Revier, andere, vor allem Jungvögel und Altvögel ohne Brut, sammeln sich von Herbst bis Frühjahr in größeren Trupps. An manchen Stellen finden sich die Brutpaare mit ihren Nestern auch zu kleinen Kolonien zusammen, doch in solchen Fällen ist es mit dem Nachwuchs oft schlecht bestellt.

SINGSCHWÄNE SIND IN DEUTSCHLAND WINTERGÄSTE.

Singschwan

Cygnus cygnus

Im Gegensatz zu Höckerschwänen sind Singschwäne bei uns nur Wintergäste. Die Wildvögel halten sich meist außerhalb von Städten und Parks auf größeren Wasserflächen auf. Im Herbst und Frühjahr rasten manche Trupps von ihnen mitunter auch weit entfernt vom offenen Wasser auf Äckern und Wiesen. Ihre Trompetenrufe *kluu-kluu-kluu* kann man weithin vernehmen, ein Einzelruf wird meist drei- bis viermal wiederholt. Aus einiger Entfernung erinnern die Rufe der Singschwäne auch manchmal an das Durcheinanderrufen von Gänsen. Im Flug sind die Schläge der Flügel anders als beim Höckerschwan kaum zu hören.

Die stattlichen Vögel sind etwa so groß wie Höckerschwäne, sehen aber schlanker aus. Das liegt vor allem an dem flacheren Rücken und dem dünneren Hals, der im Unterschied zum Höckerschwan beim Schwimmen meist kerzengerade getragen wird. Der lange, etwas keilförmig wirkende Schnabel ist größtenteils gelb mit einer schwarzen Spitze. Singschwäne tragen keinen Schnabelhöcker. Ihre Jungschwäne sind graubraun und etwas heller als junge Höckerschwäne. Oft kann man Altschwäne mit ihren Jungen noch im Spätherbst beobachten.

Im Oktober kommen Singschwäne von ihren Brutgebieten in Schweden, Finnland oder im sibirischen Russland nach Mitteleuropa und bleiben hier bis Mitte April. Die meisten konzentrieren sich an Gewässern in der Norddeutschen Tiefebene und nahe am Meer, kleine Trupps stoßen aber auch weiter ins Binnenland und sogar regelmäßig bis an den Alpenrand vor. Die Winterbestände haben in jüngster Zeit etwas zugenommen. Einige Paare brüten neuerdings auch im nördlichen Mitteleuropa, sodass man einzelnen Individuen gelegentlich auch im Sommerhalbjahr bei uns begegnen kann.

GRAUGÄNSE SIND EINGEBÜRGERTE BRUTVÖGEL UND WINTERGÄSTE AUS DEM OSTEN.

Graugans

Anser anser

Die Graugans ist die Stammform unserer Hausgänse und vergleichsweise ein sehr wachsamer und misstrauischer Vogel, der ständig auf der Hut ist, dass ihm kein Eindringling – sei es Mensch, Fuchs oder ein rivalisierender Artgenosse – zu nahe kommt. Mit drohend vorgestrecktem Hals rennt sie gegen Eindringlinge an. Ihr dabei ausgestoßenes Triumphgeschrei ist ein nasales Gackern, etwa *kijaa-ga-ga*. Der erste Laut ist oft schriller als die anderen und etwas gedehnt. Im Flug hört man in der Regel ein sonores *ahnk-ang-ang*, das wie das Schnattern der Hausgänse klingt.

Die Graugans ist mit 74–84 cm Länge und einer Flügelspannweite von 149–168 cm die größte der sogenannten grauen Gänse, die zur Gattung *Anser* zählen und bei uns als Wintergäste aus dem Norden vorkommen. Ihr Körper wirkt gedrungen, und auf einem kräftigen Hals sitzt ein großer Kopf. Hellbraun-grau ist der Grundton des Gefieders. Ihr fleischfarbener bis orangegelber Schnabel hat keine dunklen Abschnitte. Beim Schwimmen fällt das hoch aufragende weiße »Heck« auf, im Flug sind Graugänse an dem silbergrauen Vorderflügel und dem gut abgesetzten hellen Bürzel zu erkennen.

Die Zahl der Graugänse hat in jüngster Zeit gewaltig zugenommen. Das hängt im mittleren und westlichen Deutschland mit zahlreichen Ansiedlungsversuchen zusammen, deren Abkömmlinge sich bereits vermehrt haben. Hier sind Graugänse auch schon häufig zu Parkvögeln geworden, die als reine Vegetarier, zum Ärger mancher Menschen, in Scharen auf Wirtschaftsgrünland oder Liegewiesen weiden und sie mit ihren Hinterlassenschaften verschmutzen. Das Brutgebiet der seit jeher wild lebenden Graugänse reicht vom östlichen Deutschland bis Zentral- und Ostasien.

EIN ÜBERWÄLTIGENDES SCHAUSPIEL: WEISSWANGENGÄNSE IM GROSSEN SCHWARM AN DER KÜSTE

DIE RASTPLÄTZE DER WEISSWANGENGÄNSE MÜSSEN GESCHÜTZT WERDEN.

Weißwangengans

Branta leucopsis

Ein riesiger Schwarm schwarz-weißer Vögel fliegt übers Land und senkt sich wie ein Teppich auf Salzwiesen oder Weiden und Kleeäcker nahe der Küste. Das vielstimmige Gackern erinnert fast an das Gebell einer großen Hundemeute. Die Gänse rufen in ganz unterschiedlichen Tonhöhen mit einsilbigen Lauten durcheinander, einige von ihnen liegen dabei deutlich höher als der Rest der Menge.

Weißwangengänse sind mit einer Körperlänge von 60–70 cm und einer Flügelspannweite von 120–140 cm deutlich kleiner als Graugänse. Im Gefieder wechseln sich Schwarz, Grau und Weiß ab; braune Töne fehlen vollständig. Die durchgängig schwarzen Halsfedern reichen bis auf die Brust, und das Gesicht ist weiß – manchmal auch gelblich – abgesetzt. Von der Schnabelbasis verläuft ein feiner schwarzer Strich bis zum Auge. Der graue Rücken ist schwarz und weißlich gestreift, der Bauch ist weiß. Wegen der Farbverteilung an Kopf und Hals nannte man diese Art früher auch Nonnengans.

Weißwangengänse brüten im Osten Grönlands, auf Spitzbergen und in Nordwestsibirien. Ihre Nester stehen, geschützt vor Polarfüchsen, meist hoch über dem Tal auf Felskuppen und Felsbändern. Die Jungen weiden dann später mit ihren Eltern auf den Talböden und in der Tundra. Im Gegensatz zu Enten kümmern sich bei den Gänsen beide Eltern um die Führung der Jungen. Die Wintergäste, die in die Wattgebiete und zu den küstennahen Grünflächen kommen, stammen meist aus Sibirien. Sie treffen etwa ab Oktober ein und ziehen bis Mai wieder ab. Inzwischen haben sich viele Weißwangengänse auch vom Ostseeraum bis zum Baltikum angesiedelt, und immer mehr Paare brüten mittlerweile auch in Norddeutschland. So kann man ihnen hier mitunter auch im Sommer begegnen.

DER STOCKERPEL IM PRACHTKLEID ZÄHLT ZU UNSEREN BUNTESTEN ENTEN.

Stockente

Anas platyrhynchos

Europas häufigste Ente sieht man fast überall auf stehenden oder nicht zu schnell fließenden Gewässern – sowohl mitten in der Stadt als auch draußen in der Natur. Die Männchen rufen nasal *räb* und stoßen bei der Balz im Herbst und Winter einen kurzen Pfiff aus, etwa *piie*. Das Quaken der Weibchen ist weithin zu hören. Es beginnt laut und wird dann nach und nach leiser: ***quak**-quak-quak-quak*.

Die Stockente ist die größte europäische Gründelente (Körperlänge 50–60 cm). Das von Oktober bis Mai getragene Prachtkleid der Erpel ist mit seinem schillernd dunkelgrünen Kopf, weißen Kragen, gelben Schnabel, der rotbraunen Brust und den hellgrauen Federn an Rücken und Flanken unverkennbar. Die mittleren Schwanzfedern sind wie schwarze Locken nach oben gekräuselt. Die Weibchen haben einen überwiegend orangefarbenen Schnabel und tragen ein schwarz gemustertes braunes Gefieder, das sie beim Brüten sehr gut tarnt. Bei beiden Geschlechtern leuchtet im Flügel ein metallischer blauer Spiegel. Im Sommer tragen die Männchen jedoch ein Schlichtkleid, das dem Äußeren der Weibchen sehr ähnlich ist. Die Männchen sind dann an ihrem gelblich grünen Schnabel zu erkennen. Stockenten sind die Vorfahren aller Hausentenrassen.

Das Nest der Stockente besteht aus Gras, Laub und anderen Pflanzenteilen und befindet sich meist gut versteckt am Boden, oft weit vom Wasser entfernt. Nur die Weibchen brüten die Eier aus und führen später die jungen Nestflüchter. Als Nahrung nehmen Stockenten Samen, Pflanzen und kleine im Wasser lebende Tiere zu sich, die sie an der Wasseroberfläche mit dem Schnabel erschnattern oder durch Vornüberkippen des Körpers aus dem Wasser holen. Dieses Verhalten nennt man Gründeln.

PFEIFENTEN KOMMEN IN GROSSER ZAHL ALS WINTERGÄSTE ZU UNS.

Pfeifente

Anas penelope

Das prächtige Männchen gibt den markantesten Ruf aller Gründelenten von sich: einen weittragenden, fast explosiven Pfiff, ähnlich wie *wii-uh.* Wenn ein riesiger auffliegender Schwarm ihn mitten im Winter im Chor ausstößt, wird er zum Inbegriff eines dunstigen Wintertags an der Küste oder an einem flachen See. Weibchen rufen im Flug rau und etwas rollend *karr karr karr.*

Pfeifenten sind mit einer Körperlänge von 40–50 cm geringfügig kleiner als Stockenten. Sie haben einen großen gerundeten Kopf, der auf einem kurzen Hals sitzt. Der Schnabel ist klein, und der Körper wirkt gedrungen. Im Prachtkleid fällt das Männchen durch eine vom kastanienfarbigen Kopf deutlich abgesetzte cremeweiße Stirn und eine zart rosagraue Brust auf. Flanken und Rücken sind grau. Aus der Nähe kann man erkennen, dass sie ein sehr fein gestricheltes Muster aufweisen. Das schwarze Hinterteil wird durch ein breites weißes Band abgesetzt. Die Weibchen wirken dunkler und sind auf dem Rücken und am Hinterende etwas gefleckt, die Grundfarben bewegen sich zwischen Rot- und Graubraun mit leicht rötlichen Flanken. Im Flug fallen Pfeifenten besonders durch ihren schlanken Hals und ihre spitzen Flügel auf, ihr Bauch ist weiß.

Pfeifenten brüten im Norden Europas, Asiens und in Ostsibirien; nur ganz selten in Deutschland – und dann meist im Nordosten. An der Küste treffen ab August große Scharen Durchzügler und Wintergäste aus dem Norden ein. Da Pfeifenten Vegetarier sind, sieht man sie dann ähnlich wie Gänse regelmäßig auf der Weide grasen. Sogar im Binnenland kann man ihnen von Herbst bis Frühjahr begegnen, meist aber nur in geringer Zahl.

KRICKENTEN SIND UNSERE KLEINSTEN GRÜNDELENTEN.

Krickente

Anas crecca

Fast senkrecht erhebt sich eine Gruppe Krickenten von einem schilfumrandeten Tümpel. Keine andere Ente kann so rasch und wendig fliegen. Wenn die Vögel aufgeregt sind, melden sich die Männchen mit einem hellen, weithin hörbaren *krick*, das je nach Situation häufig wiederholt wird. Im Spätwinter klingt der Ruf balzender Männchengruppen weit über das Wasser. Die Weibchen antworten mit einem schnellen und hohen nasalen Quaken, *piit pet pet*, das meist rasch absinkt.

Krickenten sind die kleinsten der bei uns vorkommenden Enten. Mit einer Körperlänge von 36 cm werden sie nur etwa halb so groß wie Stockenten. Das Männchen ist ein anmutiger Vogel mit einem kastanienbraunen Kopf. Vom Auge bis an den Hinterkopf zieht sich ein breites metallisch grünes Band, das von einem schmalen cremegelben Saum umgeben wird. Die fahlgelbe Brust ist grau gesprenkelt, der übrige Körper grau, und aus der Nähe gesehen, fein gestreift. Auf jeder Seite des schwarzen Hinterendes leuchtet ein gelber dreieckiger Fleck. Die Weibchen sind braun mit einer feinen dunklen Musterung, gewissermaßen die Miniaturausgabe einer Stockente. Am hinteren Rand des Oberflügels leuchtet bei beiden Geschlechtern ein grüner Spiegel.

Im Winterhalbjahr sind Krickenten regelmäßige Gäste an stehenden Gewässern, auf denen man sie bei ihrer Balz beobachten kann. Sie ernähren sich von Samen, kleinen Pflanzenteilen und Wassertieren, die sie mit ihrem Schnabel vor allem aus schlammigem Salzwasser filtern, und werden auch in einem harten Winter nicht futterzahm. Im Sommer leben sie versteckt und brüten an Gewässern mit viel Deckung, mitunter auch an kleinen verschilften Tümpeln oder Wiesengräben.

EIN KNÄKERPEL IM PRACHTKLEID. KNÄKENTEN SIND ZUGVÖGEL.

Knäkente

Anas querquedula

Wenn sich im Frühjahr auf einem Teich oder in einer Bucht einige dieser Enten erheben, nimmt man im ersten Moment vermutlich nur einen hellgrauen Vorderflügel als augenfälliges Merkmal wahr. Aber die Rufe der Männchen sind – obwohl nicht auffällig oder gar weithin hörbar – sehr charakteristisch: hölzern klingende *klerrb,* die bei größerer Beunruhigung auch zu härteren *trrr* werden können. Daneben ist ein helles, gereihtes *jäck jäk jäk* für die Knäkente typisch. Die Weibchen verhalten sich meistens stumm oder melden sich nur mit kurzem *gäck* oder nasalem *knäk,* was der Ente zu ihrem deutschen Namen verholfen hat.

Auch Knäkenten sind mit bis zu 40 cm Körperlänge sehr klein, aber immer noch etwas größer als Krickenten. Die Männchen fallen im Prachtkleid durch einen breiten weißen sichelförmigen Streifen über dem Auge auf, der bis in den Nacken reicht. Kopf und Brust sind braun, die Flanken fein grau gemustert. Schwarz-weiße, lang zugespitzte Schulterfedern fallen an den Seiten herunter. Obwohl keine bunten Farben leuchten, wirkt das Prachtkleid der Männchen geradezu vornehm. Die Weibchen sind braun gemustert und nur durch einen dunklen Augen- und hellen Überaugenstreif von Krickenten zu unterscheiden. Im Schlichtkleid gleichen die Männchen den Weibchen.

Knäkenten ernähren sich von Wasserpflanzen und kleinen Wassertieren. Sie sind Zugvögel, die uns Anfang Oktober verlassen und frühestens in den letzten Februartagen wieder zurückkehren. Die meisten überwintern im tropischen Westafrika, einige auch in den Mittelmeerländern. Ganz vereinzelt halten sie den Winter im Südwesten Deutschlands aus. Die abnehmenden Bestände sind stark gefährdet.

IM WINTER FAST ÜBERALL ZU SEHEN: REIHERERPEL IM PRACHTKLEID

Reiherente

Aythya fuligula

Auf den Wellen schaukeln rundliche kleine Enten, deren leuchtend weiße Flanken sogar einen grauen Wintertag etwas aufhellen können. Reiherenten machen zwar optisch einiges her, aber hören kann man sie nur selten. Im Spätwinter schwimmen oft mehrere Männchen erregt um einzelne Weibchen herum und rufen leise, fast blubbernd *wip-wi-wi-wü wüp,* ähnlich wie ein kullernder Truthahn, nur viel höher, feiner und leiser. Weibchen melden sich, vor allem wenn sie aufgescheucht werden, mit ärgerlichem *krr krr krr.*

Die Reiherente, unsere häufigste Tauchente, ist mit 40–47 cm Körperlänge deutlich kleiner als eine Stockente. Sie wirkt gedrungen, und ihr großer runder Kopf sitzt auf einem kurzen Hals. Im schwarzen Prachtkleid des Männchens sieht man am Hinterkopf einen herabhängenden schwarzen Federschopf. Die Körperseiten schmückt ein großes weißes Rechteck. Der Federschopf der dunkelbraunen Weibchen, die keine weißen, sondern nur hellbraune Flanken haben, ist kurz und oft nur angedeutet. Im Schlichtkleid lassen sich die Männchen durch dunkleres Gefieder und hellgrau abgesetzte Flanken von den Weibchen unterscheiden; der Reiherschopf ist dann ganz kurz.

Heute sind Reiherenten als Brutvögel überall bei uns verbreitet. In vielen Gegenden brüten sie allerdings noch nicht lange, da sie erst vor einigen Jahrzehnten aus dem Osten eingewandert sind. Anders als Gründelenten holen Reiherenten Wassertiere und kleine Muscheln in Tauchzügen aus dem Wasser. Die Nester sind nahe am Wasser auf dem Boden versteckt und stehen nicht selten in der Nähe von Nestern anderer Wasservogelarten. Im Herbst erhalten wir Zuzug von Wintergästen.

SCHELLERPEL ZEIGEN IM WINTER IHRE FASZINIERENDE BALZ.

Schellente

Bucephala clangula

Wenn auffällige schwarz-weiße Enten mit raschen Flügelschlägen klingelnd über das Wasser fliegen, handelt es sich um Schellenten, die nach ihrem melodischen Flügelgeräusch benannt wurden. Vor allem Männchen im Prachtkleid klingeln *pjüb pjüb pjüb …*, Weibchen fliegen leiser. Die Stimme der Männchen ist nur im Spätwinter und Frühjahr zu hören, wenn sie mit raschem Hochwerfen des dicken Kopfes und anderen komplizierten Bewegungen in kleinen Gruppen um die Weibchen balzen. Am markantesten ist dabei der niesende Doppellaut *bii-bitschä*, der von mehreren ratterndem *knirrr* begleitet wird. Weibchen knurren tief *grarr grarr grarr*.

Schellenten sind mit einer Körperlänge von 40–48 cm etwa so groß wie Reiherenten. Ihr Rücken ist allerdings flacher, und sie schwimmen meist tief ins Wasser getaucht. Hals und Flanken leuchten im Prachtkleid des Männchens weiß, der große fast dreieckige Kopf ist schwarz mit grünem Glanz. Zwischen dem Auge und dem Schnabel sitzt ein großer weißer Fleck. Der Kopf des Weibchens ist aber braun und das Körpergefieder grau. Männchen im Schlichtkleid gleichen den Weibchen.

Im Winter trifft man an zahlreichen Gewässern regelmäßig auf Schellenten. Als Brutvögel kommen sie aber vor allem im Osten Deutschlands vor und haben sich hier in jüngster Zeit sogar weiter ausbreiten können. Erstaunlicherweise brüten Schellenten in Baumhöhlen, oft hoch über dem Boden. Von Bäumen umgebene Seen und Flüsse sind daher ihre bevorzugten Lebensräume. Die kleinen Jungen im pelzigen Dunenkleid lassen sich vom Baum auf den Boden fallen und bremsen den Sprung mit abgespreizten Flügelstummeln und vorgestreckten Schwimmhäuten ab. Am Boden werden sie von ihrer Mutter zum Wasser geführt.

DAS WINTERKLEID DER ALPENSCHNEEHÜHNER IST DEM SCHNEE ANGEPASST.

Alpenschneehuhn

Lagopus muta

Hoch oben in den Alpen, jenseits der Baumgrenze, kann man im Frühling, der eigentlich noch ein Winter ist, hölzern knarrende Laute hören. *Arr orr ka ka karrrp* klingt es rhythmisch, wenn Schneehähne balzen. Die Hennen rufen in kurzen Silben, entweder tief *gok* oder nasal hoch *piu* oder *wiiui.* Das Jahr über hört man allerdings wenig von den Schneehühnern. Da sie zudem im Winter wie im Sommer gut getarnt sind, lassen sie sich schwer entdecken.

Alpenschneehühner sind mittelgroße Hühnervögel mit einer Körperlänge von 31–35 cm. Sie haben einen rundlichen Körper, und der kleine Kopf sitzt auf einem relativ langen Hals. Im Winter ist das Gefieder bis auf den kurzen schwarzen Schwanz schneeweiß, der Hahn ist dann nur an einem feinen schwarzen Strich, der vom Schnabel bis zum Auge verläuft, von der Henne zu unterscheiden. Das Sommergefieder ist fein gemustert: bei den Hähnen braungrau, bei den Hennen etwas bräunlicher oder gelblicher. Die Flügel sind auch im Sommer größtenteils weiß, was man aber nur beim Abflug sieht. Im Frühjahr und Herbst, in der Zeit der Umfärbung, ist das graubraune Federkleid mit weißen Partien durchsetzt, oft sind Rücken und Flanken graubraun, Bauch und die Befiederung der Zehen weiß.

Schneehühner halten es das ganze Jahr über in den höchsten Lagen der Alpen aus und ernähren sich dort von dem vielfältigen, an das alpine Klima angepassten Pflanzenangebot, das je nach Jahreszeit frische Triebe, Knospen, Blätter, Blütenstände oder Beeren bietet. Im Winter graben sie sich eine Schlafhöhle in den Schnee, um so den Wärmeverlust niedrig zu halten. Der Bestand ist sehr klein und bedarf daher unserer besonderen Aufmerksamkeit.

Auerhuhn

Tetrao urogallus

Die Vorstellung beginnt in der Morgendämmerung, wenn sich die etwa truthahngroßen Hähne an einem traditionellen Balzplatz versammeln, um sich zur Schau zu stellen und Hennen anzulocken. Mit gefächertem Schwanz, leicht hängenden Flügeln, fast krampfartig zuckender Kehle und gesträubtem Kehlbart beginnt der Hahn mit einer Reihe von doppelten Klicklauten, die sich beschleunigen und an das Hufgetrappel eines galoppierenden Pferdes erinnern. Die Reihe endet mit dem »Hauptschlag«, einem kurzen abrupten Laut – ähnlich einem knallenden Sektkorken –, dem sich unmittelbar dünne zischende Laute anschließen.

Der 74–90 cm lange Hahn ist das größte Raufußhuhn der Welt. Mit einem Gewicht von 3,4–4,4 kg wird er doppelt so schwer wie eine Henne. Auch Birk- und Schneehühner zählen neben den Auerhühnern zu den Raufußhühnern. Diese Bezeichnung bezieht sich darauf, dass der Lauf und die Zehen mit kleinen Federn dicht besetzt sind. Auerhähne sind überwiegend schwarz mit grünlichem Metallschimmer. Die braunschwarzen Flügel tragen an jeder Schulter einen weißen Fleck. Die Hennen haben ein fein gemustertes Tarnkleid in den Farben Braun, Grau und Weiß. Kehle und Brust sind orangebraun.

Auerhühner sind bei uns vom Aussterben bedroht. Nur noch vereinzelt findet man kleine Gruppen in ungestörten, naturnahen Nadel- und Mischwäldern, vor allem in den Mittelgebirgen und Alpen. Die großen Vögel sind hauptsächlich Vegetarier und ernähren sich von Samen, Knospen, Beeren und anderen Pflanzenteilen. Im Winter fressen sie fast ausschließlich Koniferennadeln. Ihre Eier legen sie in eine flache in den Boden gescharrte Mulde.
Da die Küken bis ins Alter von 20 Tagen ihre Körpertemperatur noch nicht selbstständig aufrechterhalten können, müssen sie von der Henne unter das Bauchgefieder genommen und gewärmt werden.

IM MORGENGRAUEN BEGINNT DIE BALZ DES AUERHAHNS.

BIRKHENNEN SCHAUEN DEN BALZENDEN HÄHNEN SCHEINBAR UNBETEILIGT ZU.

Birkhuhn

Tetrao tetrix

Von Frühlingsbeginn bis Frühsommer kann man in der Morgendämmerung weithin das gedämpfte blubbernde Kullern balzender Birkhähne hören. Wie Ritter in einem Turnier drehen sich die schwarzen Vögel in der Balzarena mit gesenktem Hals, vorgestrecktem Kopf, abgespreizten und gebeugten Flügeln. Die Schwanzfedern sind dabei weit gefächert und aufgestellt, sodass der weiße Unterschwanz sichtbar wird. Sie gehen aufeinander zu und weichen dann wieder zurück. Dabei stoßen sie ein in der Lautstärke holprig wechselndes *rru-perre-**uu**-uhr-rru-per-**ruu*** aus. Dazwischen ertönt ein zischendes *ffiu-**wisch***, dem ein kleiner Sprung mit hastig flatternden Schwingen folgt.

Mit 49–58 cm Körperlänge ist der Birkhahn deutlich kleiner als der Auerhahn. Sein schwarzes Gefieder glänzt seidig blau, und über den Augen sitzen leuchtend rote Hautgebilde, die sogenannten Rosen. Die äußeren Schwanzfedern sind leierförmig gebogen und werden bei der Balz zusammen mit den weißen Unterschwanzdecken präsentiert. Diese berühmten »Spielhahnfedern« gelten in Alpenländern als traditioneller Hutschmuck und sind auch heute noch sehr begehrt. Im Flug sieht man eine breite weiße Flügelbinde, die verlängerten Leierfedern werden gestreckt. Die kleineren Hennen haben eine Körperlänge von 40–45 cm und sind braun gemustert. Sie tragen nur eine schmale weiße Flügelbinde.

Bei uns ist das Birkhuhn stark gefährdet, und in den letzten hundert Jahren haben sich seine Bestände dramatisch reduziert. Gemeinsam mit den Moorlandschaften sind die Vögel bis auf winzige Reste aus dem Tiefland verschwunden, und nur an der Waldgrenze in den Alpen und an wenigen Stellen in den Mittelgebirgen werden die Balzplätze noch regelmäßig besetzt. Die kleinen Küken leben zunächst von Insekten, die Altvögel sind Vegetarier. Wie bei anderen Raufußhühnern kümmern sich nur die Weibchen um den Nachwuchs.

BEI DER ARENABALZ DER BIRKHÄHNE GEHT ES OFT HEFTIG ZUR SACHE.

REBHÜHNER MUSTERN STÄNDIG VOLLER AUFMERKSAMKEIT IHRE UMGEBUNG.

Rebhuhn

Perdix perdix

Mit einem schwirrenden Flügelgeräusch und einem scharfen, etwas überstürzt klingenden *krickrick-kri-kri-kri-kri* poltern sie plötzlich davon. Zwischen den hastigen Flügelschlägen lassen sich Rebhühner immer wieder kurze Strecken auf ihren steif abgespreizten Flügeln gleiten. Ihr Revierruf oder Gesang klingt wie ein raues und etwas heiseres *kie-**räck***, als ob man einen Schlüssel in einem rostigen Schloss umdrehen würde. Man hört ihn sowohl von den Männchen als auch von den Weibchen vor allem in der Abenddämmerung oder nachts, wenn Rebhühner besonders aktiv sind.

Rebhühner sind Bodenvögel mit rundlichem, gedrungenem Körper von etwa 28–32 cm Länge. Oberkopf, Nacken und Brust werden von feinen aschgrauen Streifen überzogen. Das Gesicht hebt sich orangebraun vom grauen Hals ab. Auf dem grauen Bauch sieht man einen schokoladenbraunen hufeisenförmigen Fleck, der bei den Weibchen meist schwächer und undeutlicher ausgebildet ist. Sonst sind Hahn und Henne kaum zu unterscheiden.

Ideale Lebensbedingungen finden die Standvögel in einer gemischten Agrarlandschaft, in der sich Äcker und Grünland abwechseln und noch ungedüngte Feldraine und dichte Hecken Platz haben. Hier ernähren sich die Vögel hauptsächlich von Samen, Blättern, Wildkräutern und Insekten, die vor allem für die Jungen die Eiweiß spendende Hauptnahrung darstellen. Das Nest ist eine Bodenmulde in dichter Vegetation. Beide Eltern kümmern sich um die Jungen. Der Hahn hält meistens Wache, und die Henne führt die Küken. Einst waren Rebhühner bei uns weit verbreitet. Die moderne Form der Agrarbewirtschaftung hat ihnen den Lebensraum allerdings weitgehend entzogen. Die Restbestände sind stark gefährdet.

WACHTELN VERSTECKEN SICH MEISTERHAFT ZWISCHEN GRÄSERN UND KRÄUTERN.

Wachtel

Coturnix coturnix

Wachteln kann man vor allem hören und kaum sehen, denn sie verbergen sich meist in der Deckung der Vegetation. Droht ihnen Gefahr, fliegen sie nicht auf, sondern bringen sich zu Fuß in Sicherheit. Nur wenn sie aus nächster Nähe überrascht werden, versuchen sie fliegend zu fliehen. Untrüglich kann man ihre Anwesenheit aber am Wachtelschlag feststellen, dem rhythmischen dreisilbigen ***pick****perwik*, dem Reviergesang des Männchens. Diese Folge wird meist einige Male wiederholt und ist über einen halben Kilometer weit zu hören. Weniger weit hörbar ist ein zweisilbiger heiserer Vorschlag, der wie *chrau-chrau* klingt.

Wachteln sind mit 16–18 cm Körperlänge die kleinsten Hühner, die bei uns vorkommen. Die Oberseite der rundlichen Vögel ist hellbraun und weist an Rücken, Hals und Flanken eine dunkle Musterung auf. Im schnellen Flug, der meist gerade und niedrig über dem Untergrund verläuft, aber im Unterschied zum Rebhuhn recht ausdauernd sein kann, wirken sie meistens gelbbraun. Bei den Männchen ist die Kehle weitläufig schwarz, bei den Weibchen hell.

Wachteln sind die einzigen europäischen Hühner, die zum Überwintern in den Süden fliegen. Bis Ende Oktober ziehen sie vor allem nach Nordafrika oder manchmal auch nur bis zu den Ländern am Nordrand des Mittelmeeres. Anfang April kehren sie zu uns zurück. Ihr Lebensraum sind offene Wiesenflächen oder Felder mit höherer Vegetation. Sie ernähren sich hauptsächlich von Samen, Getreidekörnern und im Sommer auch von Insekten, die für die Jungen die Hauptnahrung bilden. Ihr Nest ist eine mit Pflanzenmaterial ausgekleidete Mulde am Boden.

Jagdfasan

Phasianus colchicus

Im Frühjahr verteidigt der Fasanengockel sein Revier. Dabei stellt er sich etwas erhöht auf und ruft ein weithin hörbares heiseres *göö-gock*, das fast wie ein heftiges, raues Husten klingt. Jeder Ruf wird von burrenden Flügelschlägen begleitet. Kommt eine Henne des Wegs, wird sie vom Hahn umkreist, der ihr seine langen Schwanzfedern zuwendet. Die Hähne leben polygam, und häufig kann man beobachten, wie sich ein prächtiger Fasanengockel an der Spitze seines Harems auf Nahrungssuche begibt. Der Warnruf klingt wie ein lautes *gogok* oder *togok,* wenn ein Hahn plötzlich mit geräuschvollen Flügelschlägen aus der Deckung fliegt. Ähnliche Rufe hört man, wenn Fasane abends ihre Schlafplätze in den Bäumen aufsuchen oder entfernter Lärm die Vögel erschreckt.

Ein Fasanenhahn ist zwischen 70 und 80 cm lang, allein der extrem lange Schwanz nimmt davon über die Hälfte ein. Seine exotische Buntheit verdankt er einem schwarzgrünen, purpurn glänzenden Kopf, an dessen Seiten große unbefiederte rote Hautlappen sitzen. Der bronzebraune Körper ist dunkel gefleckt und geschuppt, der Rücken mit großen hellen Tropfen oder auch Winkelflecken besetzt, der lange rötlich braune Schwanz von dunklen quer verlaufenden Bändern überzogen. Zeichnung und Färbung können variieren, weil verschiedene Rassen in den Fasanenzuchten miteinander gekreuzt wurden. Die Weibchen sind nur 50–70 cm lang, ihr Schwanz misst etwa 20–25 cm. Sie tragen ein hellbraunes Federkleid mit dunklen Flecken.

Jagdfasane stammen aus dem südwestlichen Asien und wurden bereits vor vielen Jahrhunderten als Federwild für die Jagd in Europa eingeführt. Im Laufe des 19. Jahrhunderts kamen außerdem Rassen aus Ostasien hinzu. Auch heute setzt man Fasane aus. Das ist notwendig, da sich in manchen Gegenden die Fasanenbestände nur noch durch die gezielte Zucht halten können. Die moderne Agrarwirtschaft hat ihnen allerdings viele Lebensräume genommen, sodass sich für die Jäger, die für ihre Jagd Fasane züchten, das Aussetzen oft nicht mehr lohnt.

JAGDFASANE ÜBERNACHTEN AUF BÄUMEN, DA SIE SICH DORT SICHER FÜHLEN.

NUR SELTEN WAGT SICH EINE ROHRDOMMEL AUS DEM DICHTEN SCHILF.

Rohrdommel

Botaurus stellaris

Die Rohrdommel lebt in großen Schilffeldern, weshalb man sie selten zu Gesicht bekommt. Für gewöhnlich kann man nur während des Flugs einen kurzen Blick auf diesen Vogel erhaschen. Dabei wirkt er wie eine Kreuzung aus einer gigantischen Schleiereule und einem Graureiher. Wie der Reiher fliegt auch die Rohrdommel mit zwischen die Schultern zurückgezogenem Kopf. Von Januar bis April lassen die Männchen ihren merkwürdigen Nebelhorngesang hören: Ihr *whuumb whuumb whumb* ... klingt, als würde man über den Hals einer leeren Flasche blasen. Gewöhnlich folgen drei bis fünf tiefe Laute hintereinander und werden nach Pausen von zwei bis drei Sekunden manchmal stundenlang wiederholt – egal, zu welcher Tageszeit. In ruhigen Nächten wird der Gesang bis zu fünf Kilometer weit getragen. Aus der Nähe kann man außerdem grunzende oder klopfende Laute hören sowie das Einatmen, bevor der kräftige Ton ausgestoßen wird. Ein tiefes raues *grorr* ist im Flug zu hören, ähnlich manchen Rufen von Großmöwen.

Mit einer Länge von 69–81 cm und einer Flügelspannweite von 100–130 cm wirkt die relativ kurzbeinige Rohrdommel deutlich kompakter als ein Graureiher. Das Gefieder ist hellbraun und mit vielen dunklen Flecken und Mustern überzogen, der Oberkopf ist in Schwarz unscharf abgesetzt. Unter dem orangeroten Auge sieht man einen dunklen Bartstreif. Der gelbliche Dolchschnabel ist kürzer als der eines Reihers, aber von gleicher Form. Mit ihren auffallend langen Zehen kann die Rohrdommel sich geschickt im Schilf bewegen, indem sie immer mehrere Schilfhalme gleichzeitig ergreift. Alarmiert nimmt der Vogel zur Tarnung die Pfahlstellung ein: Der Hals wird gestreckt, sodass der Körper schmaler wird, und der Schnabel zeigt senkrecht nach oben. Die aufsteigenden Streifen über Brust und Hals lassen den Körper mit dem Hintergrund aus Halmen verschmelzen, eine leichte Bewegung imitiert sogar das Schwanken der Halme in einer leichten Brise.

Rohrdommeln sind auf große Schilfwälder angewiesen. Hier ernähren sie sich vor allem von Fischen, aber auch von Amphibien und Insekten. Das Nest ist eine platte Fläche aus alten Schilfhalmen. Die Männchen sind polygam und kümmern sich nicht um die Brut. Ein Teil unserer Rohrdommeln zieht zum Überwintern nach Süd- und Westeuropa, einige bleiben bei uns. Hierzulande sind Rohrdommeln sehr seltene Brutvögel und stark gefährdet.

Graureiher

Ardea cinerea

Etwas geduckt und angespannt steht ein Graureiher bewegungslos im seichten Wasser des Flussufers. Plötzlich schießt der Hals wie eine Schlange nach vorn, und der Dolchschnabel spießt einen großen Fisch auf. Geschickt balanciert der Vogel die Beute hin und her, bevor er sie mit dem Kopf voran verschluckt. Minuten später hebt der Reiher ab und fliegt mit langsamen, kräftigen Flügelschlägen zu seinen Jungen im Nest hoch oben auf einem Baum. Ihnen wird dann das Futter aus dem Reiherhals in Portionen auf dem Nestrand serviert. Zur Rast stehen Graureiher oft zusammengekauert auf einem Bein am Ufer oder auf einem Feld. Im Flug hört man ein lautes raues *kra-räk*, fast zu einer Silbe verschliffen. Aus den Brutkolonien schallen im Chor unterschiedliche krächzende oder meckernde Laute der Altvögel und Nestlinge.

Mit ausgestrecktem Hals messen Graureiher 84–102 cm. Ihre Flügelspannweite beträgt 155–175 cm. Im Unterschied zu Kranichen und Störchen ziehen fliegende Reiher ihren Hals ein, sodass der Kopf auf den Schultern ruht. Die Altvögel haben auf dem weißen Kopf schwarze Scheitelseiten, die sich in verlängerten Nackenfedern fortsetzen. Der mächtige Dolchschnabel ist gelb. Jungvögel haben ein graueres Gefieder, ihnen fehlen die schwarzen Nackenfedern. Im Flug unterscheiden sich Reiher von großen Greifvögeln durch ihre stark durchgebogenen Flügel. Der nach hinten zurückgelegte Hals bildet einen deutlichen Bug, die langen Beine ragen nach hinten über den Schwanz hinaus. Die Hauptbeute der Graureiher sind Fische; sie fangen aber auch Mäuse und andere kleine Säugetiere.

Die Nester stehen meist in Kolonien beisammen, für gewöhnlich auf hohen Bäumen, manchmal weiter weg vom Wasser und gelegentlich auch im Schilf. Schon im Spätwinter, wenn die Laubbäume noch kahl sind, beginnt der Nestbau. Sobald die Jungen geschlüpft sind, herrschen in einer Reiherkolonie ständig Bewegung und Lärm. Lange Zeit unversöhnlich verfolgt, haben Graureiher sich als Folge besserer Schutzmaßnahmen wieder in ihrem Bestand erholen können und brüten heute manchmal sogar in Städten. Im Winter reduziert sich ihre Zahl, vor allem im Nordosten Deutschlands ziehen sie ab. Die Winterquartiere liegen zum Teil in Süd- und Westeuropa sowie in Nordafrika.

EIS UND SCHNEE BEDEUTEN SCHWERE ZEITEN FÜR DEN GRAUREIHER.

FÜR WEISSSTÖRCHE WIRD ES IMMER SCHWERER, IHRE JUNGEN ZU ERNÄHREN.

Weißstorch

Ciconia ciconia

Jedes Jahr werden in der Zeitung die ersten Störche als Frühjahrsboten angekündigt. Für die Bewohner einiger Dörfer und Kleinstädte sind sie den ganzen Sommer über auf Dächern, Schornsteinen oder Türmen ein vertrautes Bild. Die Vögel sind abgesehen von gelegentlich ausgestoßenen Zischlauten stumm, machen sich allerdings durch ihr Schnabelklappern (daher der Name »Klapperstorch«) akustisch bemerkbar. Die Partner begrüßen sich damit am Nest, aber auch bei Erregung werden die Köpfe nach hinten geworfen und die Schnabelhälften aufeinandergeschlagen.

Mit gut 100 cm Länge und einer Flügelspannweite von 155–165 cm sind Weißstörche kaum größer als Graureiher, machen aber mit ihrem langen kräftigen Hals und dem langen roten Schnabel einen stattlichen Eindruck. Im Flug breiten Störche ihre Flügel flach aus, denn sie sind im Unterscheid zu Reihern hervorragende Gleit- und Segelflieger. Der Hals bleibt im Flug immer gestreckt. Jungvögel sind ebenso auffallend schwarz-weiß gefiedert wie die Alten, ihr Schnabel ist aber nicht leuchtend rot, sondern zunächst eher schwarz.

In der Regel sorgt der Mensch mit eigens angebrachten Unterlagen dafür, dass die Störche einem Dorf oder einer Stadt nach der Rückkehr aus ihrem Winterquartier in Afrika treu bleiben können. Trotzdem gilt der Weißstorch bei uns als gefährdet, was mit seiner Ernährung zusammenhängt: Störche brauchen feuchte Wiesen, Teiche und extensiv bewirtschaftetes Agrarland in erreichbarer Nähe, um ihre Jungen mit Mäusen, Heuschrecken oder Regenwürmern großziehen zu können. Frösche sind übrigens nicht die Hauptnahrung. Ergiebige Nahrungsgründe sind in manchen Gegenden jedoch ganz verschwunden oder sehr selten geworden.

DIE WINZIGEN ZWERGTAUCHER TRILLERN IN IHREM BRUTREVIER.

Zwergtaucher

Tachybaptus ruficollis

Aus dem dichten Pflanzengürtel am Ufer eines Sees oder eines kleinen Teiches klingt ein hoher kräftiger Triller. Ein faustgroßer, gedrungener Vogel mit rundlichem Heck ohne Schwanz taucht auf und befindet sich bald darauf in Gesellschaft seines Partners. Die beiden Zwergtaucher schwimmen Seite an Seite, schütteln bei ihrem Balzspiel den Kopf und lassen unisono einen holprigen Triller vernehmen. Kurz darauf tauchen beide Vögel wieder ab. Im Winter ist aus ihren kleinen Trupps mitunter ein hohes *bit bit*... zu hören.

Mit 23–29 cm Länge ist der Zwergtaucher tatsächlich ein Zwerg. Unkundige verwechseln ihn aufgrund der flauschigen Federn an seinem Körperende auch oft mit einem Entenküken. Das Prachtkleid ist dunkel mit schwarzbrauner Oberseite und kastanienbraunen Kopf- und Halsseiten. An der Basis des kleinen Schnabels sitzt ein unbefiederter gelber Fleck. Im Winter sind die Federn der Oberseite eher mattbraun, die Seiten beige, Hals und Wangen hellbraun. Die Köpfe der Dunenjungen sind kräftig gestreift. Im hastigen Flug, zu dem ein Anlauf über das Wasser nötig ist, sieht man – wie bei den anderen Lappentauchern auch – kein Weiß im Flügel.

Zwergtaucher sind bei uns weitverbreitete Brutvögel, die man auf natürlichen Stillgewässern und auch künstlichen Wasserbecken, wie Fischteichen oder Stauseen, beobachten kann. Sie tauchen nach kleinen Fischen, Wasserinsekten und Schnecken. Das Nest ist eine Plattform aus schwimmenden Pflanzen, die manchmal an überhängenden Ästen oder Halmen verankert ist. Viele Zwergtaucher bleiben das ganze Jahr über bei uns. Im Winter kann man sie sogar auf Stadtgewässern beobachten.

SCHWARZHALSTAUCHER BRÜTEN AN NÄHRSTOFFREICHEN SEEN.

Schwarzhalstaucher

Podiceps nigricollis

Nicht viel größer als Zwergtaucher, aber in ihrem Prachtkleid sehr eindrucksvoll sind Schwarzhalstaucher. Von ihnen vernimmt man lediglich ein klagend aufsteigendes *pu-ii* oder *chrüi,* dem ein *t* angehängt wird, weshalb der Revierruf auch ein wenig stotternd klingt. Kurze *wit* oder *psi tit* sind gelegentlich während des Sommers zu hören. Bei der Balz meckern Schwarzhalstaucher *titetitetite*.

Schwarzhalstaucher werden 28–34 cm lang. Im Prachtkleid kann man sie sogar im Gegenlicht gut erkennen, denn der feine, etwas nach oben gebogene Schnabel und die steile Stirn verleihen dem Kopf ein unverwechselbares Profil. Rücken, Kopf und Hals sind schwarz, hinter den roten Augen sitzt ein schwach gelbes Ohrbüschel. Die hellen Flanken des kleinen Tauchers sind rotbraun. Wie bei allen Lappentauchern tragen auch die Weibchen das Prachtkleid. Im Schlichtkleid sind Oberkopf, Nacken und Rücken schwarzgrau; Kopfseiten, Hals und Flanken überwiegend weiß bis hellgrau. Die Bezeichnung Lappentaucher kommt übrigens von den Schwimmhäuten, die nicht durchgehend zwischen den Zehen sitzen, sondern einzelne Zehenlappen bilden.

An kleinen bis mittelgroßen nährstoffreichen Stillgewässern kann man den Taucher als Brutvogel antreffen, manchmal allerdings nur über wenige Jahre. Mitunter brüten mehrere Paare gemeinsam in einer kleinen Kolonie. Gerne legen Schwarzhalstaucher ihre schwimmenden Floßnester aber auch in der Nähe von Lachmöwenkolonien an. Vielleicht fühlen sie sich in der Nachbarschaft der lärmenden Vögel sicher. Viele Schwarzhalstaucher sind Zugvögel. Zu den Zugzeiten im April und September kann man sie also auch abseits der Brutplätze sehen.

EIN HAUBENTAUCHERPAAR BEGINNT MIT SEINEM SPEKTAKULÄREN BALZSPIEL.

Haubentaucher

Podiceps cristatus

Im Frühjahr wird der Vogelbeobachter Zeuge eines der spektakulärsten Balzrituale in unserer Vogelwelt: Ein Haubentaucherpaar richtet sich auf dem Wasser so aus, dass die Partner Auge in Auge und Schnabel an Schnabel gegenüber schwimmen. Die kastanienbraunen und schwarzen Federn des breiten Halskragens und der zweigeteilten Haube sind gefächert und aufgestellt. Durch seitliches Kopfschütteln leitet das Paar das Balzspiel ein. Der Höhepunkt ist der »Pinguintanz«: Durch rasches Paddeln mit den Füßen richten sich die beiden Vögel voreinander auf und stehen sich Brust an Brust gegenüber. Oft haben sie vorher in einem synchronen Tauchgang etwas Pflanzenmaterial aus dem Wasser geholt, das sie sich symbolisch präsentieren, während sie aufeinander zuschwimmen. Ihr weithin hörbares Repertoire an Rufen umfasst ansteigende, gutturale *kraa-****arr***. Während des Kopfschüttelns hört man harte *ktik ktik*..., und kurze Stakkatorufe wie *köck köck*... sind an den Partner adressiert. Erwachsene Jungvögel betteln durchdringend schrill *wiiip wip wip*...

Haubentaucher sind mit 45–51 cm die größten Lappentaucher. Jungvögel haben keinen Kopfschmuck und sind an den schwarzen Streifen an Kopf und Hals zu erkennen, die im Herbst allerdings verschwinden. Im Schlichtkleid verlieren auch die Altvögel Haube und Halskragen.

Haubentaucher sieht man nur selten fliegen. Wenn sie aber vom Wasser aus starten, nehmen sie einen langen Anlauf, bevor sie sich in die Luft erheben. Die Vögel sind auf größeren stehenden Gewässern weit verbreitet. Ihre Nahrung, die sie auf Tauchgängen erbeuten, besteht aus Fischen und kleinen Wassertieren. Das Nest ist ein Floß aus altem Pflanzenmaterial.

JUNGVOGEL

Seeadler

Haliaeetus albicilla

Scheinbar schwerfällig zieht der mächtige Seeadler seine breiten, brettartigen Flügel durch die Luft und schlägt sie dabei tief nach unten durch. Er kommt allerdings erstaunlich schnell mit diesem Ruderflug voran. Während des Gleitflugs sind die Schwingen waagerecht ausgefahren und tragen den riesigen Vogel elegant durch die Luft. Der Stoß auf die Beute von einem Suchflug aus oder nach geduldigem Warten von einem Ansitz erfolgt blitzschnell. Seeadler hört man für gewöhnlich selten, doch sie sind immer noch ruffreudiger als viele andere große Greifvögel – vor allem vor und zu Beginn der Brutzeit. Bei Erregung ruft das Männchen hoch *krik-krik-krik-krik*, vier bis fünf Silben in einer Reihe. Das größere Weibchen antwortet mit einer deutlich tieferen Stimme (das kann bis zu eine ganze Oktave sein). Seine Rufe klingen wie *rak-rak-rak-rak*. Daraus kann in der Balz ein im Rhythmus genau aufeinander abgestimmtes Duett entstehen, wenn das Männchen mit *krik* beginnt und das Weibchen in den Pausen jeweils mit einem *rak* antwortet.

Mit 76–92 cm Körperlänge und einer Flügelspannweite von 190–240 cm ist der Seeadler der größte in Mitteleuropa brütende Greifvogel. Die Weibchen wiegen im Durchschnitt ein Drittel mehr als die Männchen. Die großen Handschwingen an den Enden der brettartigen Flügel sind wie Finger voneinander abgespreizt, der keilförmige Schwanz der Altvögel ist weiß und bei noch nicht ausgefärbten Jungvögeln zunächst dunkel. Mit drei bis vier Jahren werden die Adler geschlechtsreif.

Seeadler jagen hauptsächlich am Wasser. Beim flachen Gleitflug über dem Wasser greifen sie nach Fischen, die sich nah an der Oberfläche aufhalten. Nach einem steilen Sturzflug kann der Seeadler aber auch fast vollständig im Wasser verschwinden und tiefer schwimmende Beute fangen. Die Jagd auf tauchende Wasservögel ist dagegen langwieriger, weil diese durch wiederholte Angriffe immer wieder zum Tauchen gezwungen werden müssen, bis sie schließlich ermattet zur Beute werden. Auch die Seeadler ermüden bei dieser zermürbenden Verfolgungstaktik. Doch nicht immer müssen sie ihre Beute selbst fangen – gelegentlich verköstigen sie sich auch am Aas. Der Bestand der Seeadler hat sich im Vergleich zu den letzten Jahrzehnten wieder erholt. Sie brüten heute vor allem im Nordosten Deutschlands, vereinzelt aber auch wieder im Süden. Als Wintergäste können sie an größeren Wasserflächen überall erwartet werden.

DURCH KONSEQUENTEN SCHUTZ KONNTE SICH DER BESTAND DER MÄCHTIGEN SEEADLER WIEDER ERHOLEN.

JAGDGLÜCK FÜR DEN SEEADLER, NACHDEM ER AUS DEM STURZFLUG ZUGEGRIFFEN HAT

STEINADLER BRÜTEN BEI UNS NUR IN DEN ALPEN.

Steinadler

Aquila chrysaetos

Steinadler sind in der Lage, in ihren großen Streifgebieten im Gebirge die Hangwinde beim Gleiten und Segeln so effektiv zu nutzen, dass sie mitunter in Sekundenschnelle große Entfernungen zurücklegen und unverhofft hinter dem nächsten Grat verschwinden können. Zu hören sind sie normalerweise selten. Nur wenn sie in Erregung geraten, äußern sie Reihen melodischer hoher *glük glük glük*. Bei der Balz oder am Nest sind mitunter laute *kai kai kai* zu hören oder auch kurze Einzelrufe, wenn sich Partner oder Altvögel und flügge Junge begegnen. Die Nestlinge betteln bereits, wenn sie noch ganz klein sind, laut piepend nach Futter, sobald sich einer der Eltern nähert. Es scheint fast so, als könne man von Steinadlern, die in Gefangenschaft gehalten werden, viel häufiger Lautäußerungen vernehmen als von denen in der freien Natur. Vielleicht haben die Vögel in Zoos und Greifvogelhaltungen öfter Anlass, sich zu erregen; oder die Entfernungen bei Beobachtungen im Freiland sind zu groß, um etwas zu hören.

Mit ihren langen Flügeln, die eine Spannweite von etwa 190–225 cm erreichen, und dem relativ langen Schwanz wirken Steinadler sehr viel schlanker als Seeadler. Ihr Gefieder ist dunkelbraun, der Nacken hebt sich meist gelblich oder rötlich braun ab. Im Jugendkleid sieht man ein großes weißes Flügelfeld, und auch die Basis der Schwanzfedern ist weiß. Erst mit den Jahren verschwinden diese hellen Marken. Man kann aber von ihrer Ausprägung nicht sicher auf das Alter schließen. Mit vier bis fünf Jahren kommen Steinadler zum ersten Mal zu einer Brut.

Steinadler brüten ausschließlich in den Alpen. Nur ganz selten erscheint ein Vogel im Winterhalbjahr auch mal im Tiefland. Im Norden Deutschlands handelt es sich dabei wohl um Gäste aus den skandinavischen Ländern, denn von dort wandern vor allem die Jungvögel nach Süden. Die Steinadler in den Alpen sind Standvögel. Ihre großen Nester befinden sich in den Nischen steiler Felswände oder auf Bäumen. Sie sind vielseitige Jäger, und zu ihrer Beute zählen Murmeltiere, Hasen, Eichhörnchen, Jungfüchse oder Hühnervögel. Sie nehmen aber vor allem im Winter auch das Fleisch von toten Tieren oder im zeitigen Frühjahr Lawinenopfer als Nahrung an.

Rotmilan

Milvus milvus

Der elegante Greifvogel wirkt geradezu anmutig, wenn er im Kreisen und Gleiten seinen langen gegabelten Schwanz dreht und wendet, zusammenlegt und dann wieder fächert, um damit seine ausgefallenen Flugmanöver zu steuern. Am Brutplatz ist der Rotmilan sehr ruffreudig. Er miaut wie ein Mäusebussard, allerdings höher und feiner. Dann folgt eine Reihe von steigenden und fallenden Tönen, sodass längere Strophen entstehen, wie etwa *wiiih-ühüh, üü ii üü ii üü.*

Rotmilane sind mit einer Körperlänge von 61–72 cm etwas größer als Mäusebussarde. Vor allem haben sie mit einer Spannweite von 140–165 cm deutlich längere Flügel. Das Körpergefieder ist rötlich braun mit dunklen Strichen, der Schwanz orangerot, der Kopf weißgrau und dunkel gestrichelt. Auf den Unterflügeln kann man vor den schwarzen Flügelspitzen deutlich ein helles »Fenster« erkennen. Die Beute der Milane ist sehr vielseitig und umfasst junge Krähen und Tauben, kleine Nagetiere, junge Kaninchen und wirbellose Tiere. Aber Aas und organischer Abfall spielen in manchen Gebieten eine so große Rolle, dass man die Vögel auch an Müllplätzen, entlang von Verkehrsadern und vor allem in südlicheren Ländern in der Nähe von toten Schafen und anderen umgekommenen Weidetieren sehen kann. Das Nest aus Zweigen und lehmiger Erde wird in einem hohen Baum angelegt. Oft ist die Mulde mit Papierstücken und Plastikabfall ausgelegt.

Weltweit betrachtet, kommt der Rotmilan nur in Europa vor. Etwa zwei Drittel des Weltbestandes brütet in Mitteleuropa, davon der größte Teil bei uns, sodass wir eine besondere Verantwortung für das Überleben dieser Art haben. Rotmilane brüten in Wäldern und jagen auf offenen Flächen – oft kilometerweit von den Neststandorten entfernt. Sie halten sich vor allem in fruchtbaren Tiefländern mit großen Agrarflächen auf. Ein beträchtlicher Teil zieht im Herbst in die Winterquartiere rund um das Mittelmeer. Einige bleiben aber auch den Winter über bei uns; die Zahl der Überwinterer scheint zuzunehmen. Häufig sammeln sich nicht brütende Jungvögel und nach der Brutzeit auch alte Rotmilane in Gehölzen zu größeren Schlafplatzgesellschaften.

DER ROTMILAN IST LEICHT AN SEINEM GEGABELTEN SCHWANZ ZU ERKENNEN.

MÄUSEBUSSARDE SIND UNSERE HÄUFIGSTEN GREIFVÖGEL.

VERSCHIEDENE FARBVARIANTEN

Mäusebussard

Buteo buteo

Wer zum ersten Mal einem Mäusebussard begegnet, denkt meist im ersten Moment, dass es sich dabei um einen Adler handeln würde. In Wirklichkeit ist er aber nur etwa halb so groß wie ein Stein- oder Seeadler und kommt bei uns viel häufiger vor. Fast überall kann man einen Mäusebussard über dem offenen Land kreisen sehen, die Flügel leicht zu einem V angehoben, den Schwanz so breit gefächert, dass seine äußeren Federn fast bis zum hinteren Rand der Schwingen reichen. Auf der Suche nach Beute hängen Mäusebussarde, getragen von der aufströmenden Warmluft, fast bewegungslos in der Luft, was sich besonders gut entlang eines ansteigenden Hanges beobachten lässt. Manchmal schlagen sie auch rüttelnd mit den Flügeln, ähnlich wie der viel kleinere, langschwänzige Turmfalke – allerdings viel weniger energisch und ausdauernd. Oft sitzen Mäusebussarde auf dem Pfosten eines Weidezauns, auf dem Dach einer kleinen Feldscheune oder in einem einzelnen Baum, gewissermaßen auf Ansitz bei der Mäusejagd. Man sieht sie aber auch entlang von Straßen in Erwartung eines Tieres, das von einem Auto erfasst wurde. Ihr Ruf *hiäh* lässt sich mit dem Miauen einer Katze vergleichen, ist aber durchdringender und stärker betont. Die meisten Greifvögel sind außerhalb der Brutzeit sehr schweigsam; Mäusebussarde rufen im Gegensatz dazu das ganze Jahr über, vor allem im Frühling, wenn das Paar balzend in Kreisen nach oben steigt, um dann herabzugleiten und in den Bäumen zu verschwinden.

Mäusebussarde sind mittelgroße Greifvögel von gedrungener Gestalt. Sie besitzen eine Körperlänge von 48–56 cm und eine Flügelspannweite von 110–130 cm. Beim Kreisen sieht der gefächerte Schwanz kurz und breit aus, er wirkt aber schmaler und länger während des Ruderflugs. Die Färbung kann ganz unterschiedlich sein: von vollständig dunkelbraun bis hin zu einer einheitlich cremeweißen Unterseite und viel Weiß im Oberflügel. Typische Vertreter dieser Art sind grau- bis rotbraun mit gebänderter (bei den Jungen längs gestrichelter) Unterseite. Über die Brust zieht sich oft ein helleres Band, auf dem Schwanz sind ein breites schwarzes Endband und darüber mehrere feine graue Bänder zu erkennen. Fünf bis sieben schmale dunkle Bänder bedecken auch die helleren Partien des Unterflügels.

Mäusebussarde sind das ganze Jahr über zu sehen. Durch Wanderungen über meist kurze Strecken ändert sich im Winter manchmal ihre Verteilung. Sie brüten vor allem am Waldrand oder in kleineren Gehölzen. Jagd auf Mäuse und andere kleine Nagetiere machen sie meist im offenen Land.

♂

Sperber

Accipiter nisus

Sieht man einen Sperber sitzen und ganz unauffällig auf Beute lauern, vermittelt die gelbe Regenbogenhaut in den Augen dieses spezialisierten Jägers einen besonders grimmigen Eindruck. Während der Brutzeit ist seine Anwesenheit oft etwas auffälliger, da er sich dann vermehrt mit schrillen Rufreihen wie *ki-ki-ki-ki* zu Wort meldet. Am Nest betteln Weibchen und Junge miauend *piiieh.*

Im Durchschnitt sind Sperber 38 cm lang und haben eine Flügelspannweite von rund 75 cm. Das Weibchen ist deutlich größer als das Männchen und wird gelegentlich mit dem Habichtmännchen verwechselt. Die Unterseite der Weibchen ist hell und mit feinen Querstreifen besetzt, Oberseite und Kopf wirken schiefergrau. Das Männchen, nur 30 cm lang und mit einer Flügelspannweite von etwa 60 cm, ähnelt zwar dem Weibchen, hat aber eine eher blaugraue Oberseite und rostfarbene Wangen. Brust und Bauch sowie der vordere Abschnitt der Unterflügel werden ebenfalls von Querbändern überzogen. Einige Männchen sind genau wie die Weibchen an ihrer Oberseite schiefergrau. Man muss daher zur sicheren Unterscheidung besonders auf die Färbung der Unterseitenzeichnung achten. Jungvögel sind auf der Oberseite dunkelbraun und auf der Unterseite grob gebändert.

Sperber sind kühne und geschickte Jäger, die sich auf Kleinvögel spezialisiert haben, aber auch Beute überwältigen können, die größer ist als sie. Somit sind die Weibchen in der Lage, Tauben und Elstern anzugreifen. Die kleineren und wendigeren Männchen haben es hauptsächlich auf Singvögel, wie Kohlmeisen, Buchfinken oder Goldammern, abgesehen; gelegentlich sind sie auch bei Schwalben und sogar Mauerseglern erfolgreich. Die gerundeten Flügel und der lange Schwanz erlauben dem Sperber, sich während der Jagd äußerst geschickt und rasant zwischen Bäumen und Ästen hindurchzumanövrieren. Über offenem Grund fliegt er mit schnellen Flügelschlägen und eingeschobenen kurzen Gleitstrecken. Er kommt zudem in Gärten, um Singvögel von der Futterstelle zu schnappen. Taucht ein Sperber auf, geben Kleinvögel mit hohen Rufen Alarm, doch die Sperber nutzen geschickt jede Deckung, um ihre Opfer zu überraschen.

Bei uns kommen Sperber besonders in Wäldern und Baumschonungen vor. Ihr Nest ist meist im Geäst nahe am Stamm eines Nadelbaums oder in der Astgabel eines Laubbaums versteckt. Die Sperber sind in erster Linie Standvögel und das ganze Jahr über zu sehen. Im Herbst und Frühjahr wandern außerdem nordische Brutvögel bei uns durch.

SPERBER SIND RASANTE UND WENDIGE JÄGER.

HABICHTE VERSUCHEN, IHRE BEUTE AUS DEM VERSTECK HERAUS ZU ÜBERRASCHEN.

Habicht

Accipiter gentilis

Für viele Menschen gilt der Habicht als der Raubvogel schlechthin. Ganz unterschiedliche Greifvögel werden für Habichte gehalten und häufig, je nach Größe, auch mit dem Zusatz Hühner- oder Taubenhabicht versehen. Habichte sind aber lange nicht so zahlreich, wie immer wieder behauptet wird. Und vor allem bekommt man sie kaum zu Gesicht. Sie überfliegen nämlich ungern lange offene Strecken und kreisen auch nicht so oft und ausdauernd wie Mäusebussarde auf der Suche nach Beute in weithin offenem Gelände. Ihre Spezialität ist wie für den Sperber eher die Überraschungsjagd aus dem Hinterhalt. Außerhalb der Nestumgebung wird man selten einen Laut vom Habicht hören. Am Brutplatz ertönen Reihen durchdringender *kja kja kja…*, kräftiger als vom Sperber und etwas langsamer aneinandergereiht. Einzelrufe klingen wie ***klijäh*** und ähneln Bussardrufen.

Im Aussehen wie in vielen Verhaltensweisen kann man den Habicht als größeres Gegenstück zum Sperber betrachten. Das Weibchen ist durchschnittlich 60 cm lang und hat eine Flügelspannweite von etwa 120 cm. Das kleinere Männchen misst etwa 50 cm bei einer Flügelspannweite von knapp unter 100 cm. Im Gegensatz zu Mäusebussarden haben Habichte einen deutlich längeren Schwanz und kürzere Flügel. Verglichen mit dem Sperber, sind ihre Flügel allerdings länger. Das ist vor allem beim Männchen ein wichtiges Kennzeichen, da sich große Sperberweibchen und kleine Habichtmännchen in ihrer Größe sehr ähnlich sind. Habichtmännchen haben eine bläulich graue Oberseite, Weibchen eine schiefergraue. Die helle Unterseite ist fein grau gebändert. Über dem hellen Auge ist meist ein weißer Überaugenstreif zu erkennen. Die Jungvögel sind an der Oberseite braun und auf der rötlich weißen Unterseite grob dunkel gefleckt (sie werden auch als »Rothabichte« bezeichnet).

Anders als Sperber jagen Habichte allerdings nicht nur Vögel. Zu ihrer Beute zählen ganz unterschiedliche Tiere, die in ihrem Jagdgebiet häufig vorkommen, wie etwa Ringel- und Haustauben, Eichelhäher, Drosseln und Stare, Kaninchen, Hasen oder Eichhörnchen. Die Beutelisten einzelner Habichtspaare können sehr vielseitig sein. Ihre Nester stehen in Wäldern meist auf hohen Bäumen. Viele Habichte kommen erst in ihrem dritten Lebensjahr zur ersten Brut. In der Regel sind Habichte Standvögel, sie tauchen aber vor allem im Herbst und Winter auch an Stellen auf, an denen sie nicht brüten. Darunter können auch Wintergäste aus nördlichen und östlichen Gebieten sein.

Turmfalke

Falco tinnunculus

Der bekannteste und bei uns am häufigsten vorkommende Falke ist wohl jedem von uns schon einmal aufgefallen: zum Beispiel als er mit vibrierenden Flügeln scheinbar festgenagelt in der Luft über einer Autobahnböschung stand, den gefächerten Schwanz wie ein Ruder gegen den Wind gestellt. Nach diesem Rüttelflug sinkt der schlanke Vogel für gewöhnlich rasch nach unten, um seine Beute zu packen. Dieses Manöver ist energetisch sehr kostspielig. Der Turmfalke findet etwas Erholung, wenn er, gegen den Wind gerichtet, in kurzen Pausen mit den raschen Flügelschlägen innehält. Dabei wird er meist ein winziges Stück nach hinten gedrückt, was er aber durch das Vorstrecken seines Kopfes rasch wieder ausgleichen kann, bevor er erneut mit dem Rüttelflug beginnt. Seine Augen fixieren dabei ununterbrochen den Boden, und der Kopf bewegt sich fast keinen einzigen Millimeter. Auch Bäume, hohe Pfosten und andere gute Aussichtspunkte dienen dem Turmfalken dazu, die leiseste Regung eines Beutetiers zu beobachten. Dabei nehmen sie nicht nur geringste Bewegungen wahr, sondern können auch die für uns unsichtbare ultraviolette Reflexion der Urinspuren von Wühlmäusen erkennen. Am häufigsten hört man von Turmfalken Serien hoher, schriller *kii-kii-kii-kii,* am Brutplatz von den Weibchen und Jungen auch gedehnte vibrierende *krrrierrr.*

Der Umriss eines Turmfalken sieht dem eines Sperbers zum Verwechseln ähnlich. Allerdings sind die Flügel – wie für einen Falken typisch – schmaler und laufen am Ende deutlich spitzer zu. Der lange Schwanz ist außerdem an der Basis nicht ganz so breit. Der schlanke Falke ist 29 – 35 cm lang und hat eine Flügelspannweite von 68 – 78 cm. Bei den Männchen sind Kopf und Schwanz durchgängig blaugrau, der Schwanz trägt kurz vor seinem unteren Ende ein breites schwarzes Band. Der braunrote Rücken ist mit kleinen schwarzen Rautenflecken, die Unterseite mit feinen dunklen Strichen besetzt. Die Weibchen sind einheitlicher rötlich braun ohne die grauen Federn der Männchen.

Turmfalken sind bei uns überall verbreitet, kommen aber nicht so häufig vor wie Mäusebussarde. Sie jagen über Wiesen, Feldern und offenem Land, aber auch in Städten. Stadtfalken erbeuten mehr Kleinvögel als ihre Artgenossen außerhalb, die sich wiederum vor allem auf Mäuse und andere kleine Bodentiere eingestellt haben. Falken bauen keine Nester. Turmfalken legen ihre Eier in alte Krähen- oder Elsternester, aber auch auf Felsbänder oder in Felsnischen und, wie ihr Name schon sagt, in Löcher und auf Simse von Kirchtürmen und hohen Gebäuden; sie nehmen auch speziell für sie konstruierte Nistkästen an.

TURMFALKEN JAGEN MÄUSE AUF DEM OFFENEN FELD.

DER BAUMFALKE IST EINER DER SCHNELLSTEN JÄGER IN DER LUFT.

Baumfalke

Falco subbuteo

Als einer der schnellsten und wendigsten Luftjäger, der selbst Schwalben und sogar Mauerseglern gefährlich werden kann, fliegt der Baumfalke auf schmalen, langen Flügeln in rasantem Tempo durch die Luft. Sein Schwanz ist deutlich kürzer als beim Turmfalken, und am Flugbild und der Art, wie der Baumfalke fliegt, kann man die beiden Falkenarten gut unterscheiden. Hören kann man den Vogel auf der Jagd oder im Streckenflug allerdings selten. Während der Balz und wenn Junge im Nest sind, hört man Rufreihen wie *gät-gät-gät...*, die entfernt an den Gesang des Wendehalses erinnern. Männchen und Weibchen rufen mitunter auch im Duett. Bei Erregung oder wenn sich das Männchen mit Beute dem Nest nähert, sind rasche hohe *kitkitkit*-Folgen zu hören. Der Rhythmus der Rufe und damit auch die Art, wie wir sie hören, kennt verschiedene Variationen.

Mit einer Körperlänge von 29–35 cm sind Baumfalken etwa so lang wie Turmfalken, ihre Flügel spannen mit 70–84 cm etwas weiter. Die Oberseite ist dunkelgrau, am Kopf zeichnet sich ein dunkler Bartstreif gegen die weiße Kehle ab. Die weiße Unterseite ist kräftig schwarz gefleckt. Auch von Weitem fallen bei den Altvögeln die roten »Hosen« am Ansatz des Laufes und die rote Steißregion auf. Bei den Jungfalken, die wie die Altvögel gezeichnet sind, fehlt jedes Rot, die Unterseite ist im Grundton eher gelblich.

Baumfalken brüten weit verbreitet im Tiefland, kommen aber generell recht selten vor. Wenn große Mengen von Insekten schwärmen, etwa Junikäfer oder Libellen, fangen sie mit nur kurzen Beschleunigungen und allerlei Haken und Wendemanövern fliegende Insekten, die sie noch während des Gleitflugs, oft mit leicht angewinkelten Flügeln, mit den Füßen zum Schnabel führen und verzehren. Schwärmende Insekten oder Kleinvögel, die abends zu einem gemeinsamen Schlafplatz fliegen, veranlassen Baumfalken dazu, oft auch noch in der Dämmerung zu jagen. Selbst in ihrem Jahreslauf ist zu spüren, dass die kühnen Jäger sich nach dem Verhalten und damit dem Angebot der Beutetiere richten müssen. Flügge und noch etwas ungeschickte, daher leichter zu fassende Jungvögel gibt es ebenso wie größere Mengen schwärmender Großinsekten meist erst im Sommer. Baumfalken beginnen daher ziemlich spät, ihre Eier zu legen – oft nicht vor Juni. Sie beziehen vor allem verlassene Krähennester, manchmal auch solche, aus denen die jungen Krähen gerade erst ausgeflogen sind. Die jungen Falken sitzen häufig noch bis August im Nest. Als ausgesprochene Langstreckenzieher verlassen uns Baumfalken im Oktober und kommen im April wieder zurück. Ihre Winterquartiere liegen im tropischen Afrika.

EIN GEBOGENER SCHNABEL UND AUFGESTELLTER SCHWANZ SIND KENNZEICHEN DER WASSERRALLE.

Wasserralle

Rallus aquaticus

Laien können von Vögeln mitunter tüchtig erschreckt werden. So wird bei einem Spaziergang am Ufer eines Sees die Stille plötzlich von einem kurzen durchdringenden Alarmgeschrei unterbrochen. Es klingt, als ob ein Ferkel schreit. Die kreischenden, keuchenden und grunzenden Laute stammen allerdings von einer Wasserralle, die im Schilf versteckt in Erregung geraten ist. Während der Brutzeit hört man vor allem nachts ihren Gesang: lange Reihen taktfester *kit-kit-kit*, die von beiden Geschlechtern unterschiedlich betont vorgetragen werden. Dazwischen ertönen auch leisere Triller. Wasserrallen sind schwer zu sehen, weil sie sich am liebsten in Deckung halten und geschwind über offene Strecken rennen, um gleich wieder zu verschwinden. Ihr schlanker, seitlich etwas zusammengepresster Körper erlaubt ihnen, rasch durchs Dickicht zu schlüpfen.

Mit 23–26 cm Körperlänge wirkt eine Wasserralle deutlich kleiner als etwa ein Teichhuhn. Sie hat einen langen dünnen, etwas nach unten gebogenen roten Schnabel und rote Augen. Gesicht und Brust sind blaugrau, Kopf, Nacken und Rücken kastanienbraun mit dunklen Flecken. Die Flanken zieren kräftige schwarz-weiße Streifen. Der kurze Schwanz wird oft nach oben gestellt, bei Erregung zuckt er und präsentiert dabei die hellen Unterschwanzdecken. Jungvögel sind hell bräunlich ohne Grau und an den Körperseiten kräftig gebändert.

In Feuchtgebieten und im Schilf an Seeufern sind Wasserrallen überall im Tiefland anzutreffen oder, genauer gesagt, zu hören. Sie kommen allerdings nirgendwo besonders häufig vor. Ihre Nahrung besteht aus kleinen Wassertieren und Pflanzen. Die meisten Vögel ziehen im Herbst nach West- und Südeuropa. Manche überwintern auch bei uns.

SELTEN ZU SEHEN: EIN RUFENDER WACHTELKÖNIG

Wachtelkönig

Crex crex

Wachtelkönige bekommt man so gut wie nie zu Gesicht. In der Vegetation versteckt, balzen die Männchen vor allem nachts stundenlang. Im Sekundentakt werden dann hölzern schnarrende Doppellaute aneinandergereiht. Sie klingen wie *rrrep-rrrep* und erinnern an jenen Laut, der entsteht, wenn man mit den Fingern rasch über die Zähne eines Kamms streicht. Der lateinische Name des Wachtelkönigs versucht, diesem Gesang gerecht zu werden. Mitunter hört man Wachtelkönige auch am Tag, aber längst nicht so ausdauernd wie nachts.

Ist ein aus seiner Deckung überrascht auffliegender Wachtelkönig zufällig kurz zu sehen, wirkt er mit einer Körperlänge von 22–25 cm recht klein. Der kleine Kopf sitzt auf einem ziemlich langen Hals, der kräftige Schnabel ist kurz. Insgesamt erscheint das Gefieder hellbraun, der Rücken ist dicht besetzt mit dunklen Flecken. Hals und Brust sowie ein Streifen über dem Auge sind blaugrau, die Flanken rotbraun und cremeweiß gestreift. Meist zeigt sich ein aufflatternder Vogel nur wenige Sekunden, dabei kann man aber zumindest ein rotbraunes Flügelfeld erkennen.

In der dichten Vegetation auf feuchten Wiesen oder extensiv genutztem Grünland, mitunter auch in Getreidefeldern, ernähren sich Wachtelkönige vor allem von Insekten. Über ihre Brutbiologie ist noch relativ wenig bekannt, wahrscheinlich sind Männchen und Weibchen polygam und verpaaren sich mehrfach in einer Saison. Das Nest liegt gut versteckt am Boden. Auf bewirtschafteten Flächen sind daher Verluste durch Agrarmaschinen sehr hoch. Der Wachtelkönig ist bei uns stark gefährdet. Von ihren Winterquartieren im tropischen und südlichen Afrika kommen die ersten Vögel gegen Ende April zurück. Im Oktober sind alle Wachtelkönige wieder abgezogen.

TEICHHÜHNER KOMMEN OFT AN LAND UND SIND AUCH AN PARKGEWÄSSERN ZU SEHEN.

Teichhuhn

Gallinula chloropus

Teichhühner wirken in ihrer Nervosität manchmal komisch. Sie versuchen am Ufer auf ihren kräftigen Beinen und schier überlangen Zehen mit schnellen Schritten und unter lebhaftem Schwanzzucken rasch die nächste Deckung zu erreichen. Beim Schwimmen nicken sie ständig mit dem Kopf und zucken mit dem aufgestellten Schwanz. Die Vielfalt ihrer Lautäußerungen ist beachtlich. Wenn sie beunruhigt sind, hört man ein fast explosives gutturales *kjürrk,* ein scharfes *kirreck* oder auch harte *kik-kik-kik,* die in langen Reihen wiederholt werden können. Auch im Flug stoßen Teichhühner kurze Rufe aus, wie zum Beispiel *keck-keck.* Als Gesang der Männchen deutet man Lautreihen mit kurzen *dak dak*... oder *tük tük* ...

Teichhühner sind merklich kleiner als Blässhühner. Die Körperlänge beträgt 27–31 cm. Der Kopf ist mit einem roten Stirnschild besetzt, der rote Schnabel hat eine gelbe Spitze. Beine und Füße sind gelblich grün. Über die Seiten des dunklen Körpers zieht sich eine unterbrochene weiße Linie, die weiße Unterseite des meist nach oben gestellten Schwanzes ist durch einen schwarzen Streifen geteilt. Im Übrigen ist das Körpergefieder schiefergrau und auf der Oberseite bräunlich überflogen. Die Jungen sind bräunlich und haben noch kein rotes Stirnschild und keinen bunten Schnabel.

Im Tiefland sind Teichhühner weitverbreitete Brutvögel. Sie brauchen aber ungestörte Ufervegetation zum Bau ihrer Nester aus trockenem Gras und alten Blättern, die sie nahe am Wasser finden. Pflanzen, Früchte, Samen suchen sie sowohl im Wasser als auch an Land. Sie ernähren sich außerdem von Schnecken, Würmern, Insekten und kleinen Fischen. Teichhühner bleiben normalerweise das ganze Jahr über bei uns, einige wandern aber bis nach Nordafrika.

BLÄSSHÜHNER SCHWIMMEN MIT NICKENDEN KÖPFEN.

Blässhuhn

Fulica atra

Aufgestellte Flügel, Kopf und Hals dicht über die Wasseroberfläche gestreckt – so verteidigen Blässhühner im Frühjahr mit großer Energie und Heftigkeit ihr Revier. Mit flatternden Flügeln und raschen Schritten der großen Füße, deren Zehen mit Schwimmlappen besetzt sind, platschen sie geräuschvoll übers Wasser und rufen laut. Will der Rivale nicht weichen, kommt es mit den Füßen voran zur tätlichen Auseinandersetzung. Blässhühner gelten daher oft als besonders streitlustig. Das sind sie aber kaum mehr als andere Wasservögel mit festen Brutrevieren. Häufig hört man scharfe explosive Rufe, wie spitze, durchdringende *pix* und laute, bellende *köw* oder *kröck*.

Blässhühner sind 36–42 cm lang. Vom dunklen Gefieder heben sich das weiße Stirnschild und der weiße Schnabel ab. Der fast schwanzlose, etwas plumpe Körper und der rundliche Kopf unterscheiden sie schon in der Silhouette von Enten. Das rußgraue Gefieder geht an Hals und Kopf in tiefes Schwarz über, und die Augen blitzen rot. Jungvögel sind eher braungrau und wirken etwas kleiner. Ihr Vorderhals ist hellgrau, das weiße Stirnschild fehlt ihnen noch.

Mit einem kleinen Sprung tauchen Blässhühner im Wasser ab und kommen schon nach kurzer Zeit wie ein Korken wieder an die Oberfläche. Für gewöhnlich halten sie sich auf größeren Wasserflächen auf als die Teichhühner. Vor allem auf nährstoffreichen Seen, Staubecken oder auch langsam fließenden Flüssen sind sie regelmäßig zu sehen. Ihre Nahrung besteht aus Algen und Wasserpflanzen, aber auch aus Würmern, Insekten und kleinen Fischen. Sie weiden nah am Wasser, mitunter auch auf Grasflächen. Das Nest befindet sich unmittelbar am Wasser und ist ein stattlicher Bau aus vertrockneten Pflanzen.

KRANICHTANZ

Kranich

Grus grus

Mit gutturalem *kruh* oder *gurru*, manchmal auch fast tonlosem *grrr* melden sich die Kraniche, wenn sie im Herbst in großen Keilformationen über das nördliche und westliche Deutschland nach Südwesten fliegen. Manchmal kann man auch die hohen trillernden Rufe der Jungen aus dem Chor der Alten heraushören. Nach der Balz und bei der Reviermarkierung schallen in den Brutgebieten die Trompeten. Die Kraniche schmettern im Duett mit mehrfachen Wiederholungen *gruu gri*. Das Weibchen ruft dabei höher als das Männchen. Das balzende Männchen paradiert und prahlt mit schräg aufwärts gerichtetem Schnabel. Der berühmte Kranichtanz ist aber vermutlich gar keine Balz, sondern mehr Ausdruck einer allgemeinen Erregung, in der Männchen und Weibchen schnell laufen und, wenn sie in Fahrt gekommen sind, auch hochspringen. Knurrende *kürr* oder *kurr* und ähnliche Laute sind bei verschiedenen Anlässen zu hören, etwa als Warnrufe oder einfach zur Stimmfühlung.

Die Körperlänge der Kraniche erreicht 96–119 cm, davon entfallen allein 40–55 cm auf den Hals. Die Flügel haben eine Spannweite von 180–220 cm. Damit erreichen Kraniche mit ihren ähnlich langen Beinen, dem langen Hals, aber einem wesentlich kürzeren Schnabel etwa die Größe von Störchen. Das Gefieder ist hell blaugrau. Durch Einreiben mit Schlamm oder eisenreichem Moorwasser wird während der Brutzeit der Rücken auch bräunlich. Der Kopf und obere Abschnitt des Halses sind schwarz, und von den Kopfseiten zieht sich je ein weißes Band auf den Nacken, wo sich die weißen Bänder vereinigen. Den Oberkopf ziert eine nackte rote Hautpartie. Verlängerte Federn am Innenflügel, die sogenannten Schirmfedern, formen hinten ein buschiges Körperende, das für die Kranichsilhouette so typisch ist. Im Gegensatz zu Graureihern fliegen Kraniche wie Störche mit ausgestrecktem Hals. Die Jungvögel sind heller grau und am Kopf hell bräunlich.

Die Brutbestände in der Osthälfte Deutschlands konnten sich in jüngster Zeit dank wirkungsvoller Schutzbemühungen erfreulicherweise wieder erholen. Einzelne Kranichpaare haben sich mittlerweile sogar auch weiter im Westen und Süden angesiedelt, nachdem die Art dort für etwa ein Jahrhundert verschwunden war. Im Herbst sammeln sich Tausende Kraniche, die vor allem aus Nordeuropa kommen, an traditionellen Rastplätzen im Nordosten Deutschlands. Vor dem Winter ziehen sie nach Südwesten ab, vor allem Richtung Spanien. Neuerdings verkürzen aber immer mehr Kraniche ihre Reise und bleiben nördlich davon oder überwintern sogar bei uns.

KRANICHE SAMMELN SICH JÄHRLICH AN TRADITIONELLEN RASTPLÄTZEN.

FLUSSREGENPFEIFER LEBEN AUSSCHLIESSLICH AUF KIESBÄNKEN UND ÖDFLÄCHEN.

Flussregenpfeifer

Charadrius dubius

Der unscheinbare Vogel ist auf dem kiesigen Untergrund kaum zu entdecken. Kennern verrät er sich auch eher durch seinen charakteristischen Ruf: ein rasches, nicht sehr lautes, aber auch im rauschenden Fluss gut zu hörendes ***piu***. Bei großer Aufregung werden Einzelrufe zu einer schnellen Folge gereiht, wie zum Beispiel *pitpitpit*. Hauptsächlich der Reviermarkierung, wohl weniger der Balz dient der Singflug des Männchens, bei dem es kehlig und etwas rau *griä-griä-griä* ... singt.

Mit 16–18 cm Körperlänge hat der Flussregenpfeifer etwa die Größe einer Lerche. Seine Oberseite ist graubraun, die Unterseite weiß. Das Besondere ist die Zeichnung an Kopf und Brust: Ein breites schwarzes Band quer über die Brust begrenzt die weiße Kehle nach unten. An den Kopfseiten verlaufen durch das Auge, über den vorderen Oberkopf und vom Auge zur Schnabelbasis ebenfalls schwarze Bänder. Diese sind jeweils weiß gesäumt, und das Auge ist von einem schmalen gelben Ring umgeben. Im Schlichtkleid sind die schwarzen Markierungen braun, aber immer noch gut zu erkennen. Bei den weniger kontrastreich gefärbten Jungvögeln ist das bräunliche Brustband vorne offen.

Flussregenpfeifer sind bei uns von März bis Oktober als Durchzügler und Gäste an kiesigen Seeufern, Baggerseen oder Flüssen zu sehen. Ihre Brutplätze liegen auf kiesigem Untergrund an einem sandigen Fleck. Zwischen die Kiesel legen sie vier Eier, die so gut getarnt sind, dass man sie kaum entdecken kann – selbst wenn man fast davorsteht. Das gilt auch für die kleinen Dunenjungen, die auf Warnrufe der Eltern hin sofort zur nächsten Deckung rennen und sich dort bewegungslos auf den Boden drücken.

KIEBITZE BRÜTEN AUF FELDERN UND WIESEN.

Kiebitz

Vanellus vanellus

Ein Kiebitzmännchen kurvt und gaukelt über seinem Revier in einem spektakulären akrobatischen Balzflug. Immer wenn es hinabstürzt, erzeugt der Flugwind, der durch die steifen Federn am Ende des breiten Flügels streicht, ein wummerndes Geräusch. Das setzt sich in einem temperamentvollen und stürmischen Gesang fort, etwa *chä-chuit wit-wit-wit chiu wit*, der sowohl Aufstieg und Flug als auch den anschließenden Sturz in die Tiefe begleitet. Feinde werden in der Luft mit durchdringenden *pii wiiii* Alarmsignalen empfangen und verfolgt. Der ohne erkennbaren Grund zu hörende normale Ruf ist ein durchdringendes *pie-**wit***.

Der etwa taubengroße Kiebitz ist 28–31 cm lang und erreicht eine Flügelspannweite von 67–72 cm. Aus der Entfernung wirken die Vögel schwarz-weiß. Geht man näher heran, entdeckt man einen langen dünnen schwarzen Federschopf, und in günstigem Licht glänzt die Oberseite metallisch grün und purpurn. Ein breites schwarzes Band über Kinn und Brust säumt den weißen Bauch, der am hinteren Ende in die zimtfarbenen Unterschwanzdecken übergeht. Beim Weibchen ist die schwarze Kehle etwas fleckig, die Federhaube kürzer, und die Flügelenden sind nicht verbreitert.

Schon im Sommer schließen sich Kiebitze zu Schwärmen zusammen, die sich wie ein breites Wellenband gegen den Himmel abzeichnen. Die Brutreviere liegen auf Wiesen, Äckern und anderen freien Plätzen, die im Frühjahr eine niedrige oder lückenhafte Pflanzendecke aufweisen. Durch die Bewirtschaftung in den folgenden Wochen gehen viele Gelege und frisch geschlüpfte Jungen zugrunde. Kiebitze, einstmals häufig, sind heute bei uns stark gefährdet. Einige bleiben den Winter über da, andere ziehen oft noch sehr spät im Herbst ab.

MIT WIPPENDEM KÖRPER AUF FLINKEN BEINEN: EIN FLUSSUFERLÄUFER

Flussuferläufer

Actitis hypoleucos

Der kleine braun-weiße Watvogel läuft ruhig an einem Flussufer entlang und wippt dabei unaufhörlich mit dem Hinterende seines Körpers auf und ab. Er pickt vom Schlamm und von den Steinen Insekten ab, bis er plötzlich, offenbar beunruhigt, mit hohen *hi-dii-dii-dii*... nahe der Wasseroberfläche davonfliegt. Das Wasser mit den Flügelspitzen fast berührend, saust er mit raschen flachen Flügelschlägen dahin, die er immer wieder für kurze Gleitstrecken mit steif gehaltenen, flach gebogenen Flügeln unterbricht. Zusammen mit dem ständigen Körperwippen ist dieses Verhalten ein untrügliches Kennzeichen des Flussuferläufers. Brutvögel singen trillernd und rhythmisch *swidi**diii**-dide, swidi**diii**-dide, swidi**diii**-dide*, oft auch in einem Singflug niedrig über dem Wasser. Warnruf ist ein hohes *hiiip*.

Die Körperlänge beträgt 18–20,5 cm, die Vögel stehen und bewegen sich meist mit waagerecht gehaltenem Körper. Die Beine sind relativ kurz, und der Schwanz ist länger als die Spitzen der zusammengelegten Flügel. Die mattbraune Oberseite grenzt sich scharf von der weißen Unterseite ab, und die Brust ist braun gestrichelt.

Die Brutplätze der Flussuferläufer sind naturnahe Flussabschnitte mit Kiesbänken, Inseln und Flussauen. Das beschränkt ihre Verbreitung bei uns vor allem auf die Gebirgs- und Mittelgebirgsflüsse. Neuerdings nehmen sie zwar auch mit Kiesgruben und anderen künstlichen Wasserflächen vorlieb, aber noch ist nicht klar, ob diese Umstellung zum Erfolg führt. Der Bestand ist hierzulande stark gefährdet. Von April bis Oktober halten sich Flussuferläufer bei uns auf, und den Winter verbringen die meisten von ihnen in Süd- und Westeuropa. Vereinzelt versuchen sie aber immer wieder, an günstigen Stellen bei uns zu überwintern.

ROTSCHENKEL FLÖTEN AN DER KÜSTE ÜBER SALZWIESEN.

Rotschenkel

Tringa totanus

Etwas wehmütig klingt für uns das melodische *tlü* des Rotschenkels, das oft zu hören ist und beim Abflug zu *tjüjü* oder dreisilbig *tjüdüdü* verlängert wird. Rotschenkel gelten als sehr ruffreudig, und ihre Rufe sind fester Bestandteil in den Grasländern an der Küste. Am Brutplatz wird ein Störenfried mit harten rhythmischen *tjik tjik tjik*… empfangen. Im Singflug oder von einer erhöhten Sitzwarte aus jodelt das Männchen klangvoll *tjüll tjüll tjüll* oder auch *dahidl dahidl dahildl.*

Mit 27–29 cm Körperlänge ist der Rotschenkel ein etwa mittelgroßer Watvogel mit bräunlicher Oberseite und fein gestrichelter heller Unterseite. Die langen Beine und der Schnabel sind rot. Wichtige Artkennzeichen sind die breit abgesetzten weißen Hinterränder der Flügel, die man ebenso wie den weißen Keil, der sich den Rücken hinaufzieht, schon von Weitem beim Flug erkennen kann. Die Jungvögel laufen auf orangegelben Beinen, ihre Schnäbel sind noch dunkel. Im Schlichtkleid wirken die Altvögel grauer und weniger lebhaft gezeichnet.

Rotschenkel finden bei uns im Binnenland heute kaum noch geeignete Brutplätze, die in Wassernähe oder in Feuchtgebieten liegen. Sie sind größtenteils auf die Salzmarschen oder küstennahen Grünflächen ohne Beweidung angewiesen. Auf den Schlickflächen des Wattenmeeres können sie nach Nahrung suchen, und ihre Nester legen sie versteckt im nicht zu hohen Grasland an. Die Eltern führen die Dunenjungen häufig vom Geburtsort weg in eigene Aufzuchtsgebiete, die ausreichend Nahrung bieten. Im Binnenland sind Rotschenkel meist im Frühjahr und Herbst während ihres Durchzugs zu Gast. Viele überwintern im atlantischen Westeuropa und in Südeuropa, aber auch an der Nordsee.

UFERSCHNEPFEN VERTEIDIGEN LAUTSTARK IHR REVIER.

Uferschnepfe

Limosa limosa

Ein gerader langer Schnabel und lange Beine kennzeichnen die Uferschnepfen. Einzeln oder in lockeren Reihen stoßen sie außerhalb der Brutzeit kurze Flugrufe aus, die wie *geg* oder *gerreg*, für andere wiederum wie *wäd* oder eher wie nasale *wü* klingen. Am Brutplatz gibt der Ausdrucksflug der Männchen ein beeindruckendes Schauspiel ab. Dabei starten sie in schräger Bahn nach oben, vollführen einen Taumelflug mit senkrechten Abstürzen, steigen dann in größere Höhen auf und rollen im sogenannten Pendelflug in weiten Kreisen um die Längsachse, um anschließend steil hinabzuschießen und zu landen. Der begleitende Gesang besteht aus lauten und durchdringenden rhythmischen Silbenfolgen, entweder zweisilbig *gruitu gruitu gruitu*... oder auch gedehnter und dreisilbig *dju-u-duit dju-u-duit*. Mit kürzeren ***witte witte witte*** werden Reviereindringlinge empfangen. Die Männchen rufen höher und schärfer als die Weibchen.

Die Körperlänge der Uferschnepfen beträgt 37–42 cm, dabei entfallen 8–11 cm auf den Schnabel. Im Schlichtkleid wirken sie einheitlich hell braungrau ohne besondere Abzeichen – sieht man von dem auffallend weißen Rechteck auf dem schwarzen Schwanz und der breiten weißen Flügelbinde einmal ab. Die kennzeichnenden Markierungen sind allerdings nur im Flug zu sehen. Im Prachtkleid werden Kopf, Hals und Brust rostrot, die Flanken dunkel gebändert. Die Weibchen sind etwas weniger prächtig gefärbt, die Unterschiede zu den Männchen aber nur graduell, sodass man die Geschlechter am Federkleid nicht immer sicher unterscheiden kann.

Uferschnepfen waren ursprünglich Brutvögel in Heiden und Mooren. Sie sind allerdings mittlerweile auf Wiesen »umgestiegen«. Das war in Gebieten mit neu entstandenen feuchten Niederungswiesen anfänglich sehr erfolgreich. Doch haben Uferschnepfen nur auf kurzrasigen und feuchten Grünflächen, die extensiv genutzt werden, eine Chance, ihre Jungen erfolgreich aufzuziehen. Auf saftig grünen Mähwiesen wächst das Gras zu schnell und wird zu früh geschnitten, und auf heutigen Düngewiesen gibt es zu wenig Kleintiernahrung für die Küken. Die Restbestände, die sich vor allem in Norddeutschland konzentrieren, sind daher vom Aussterben bedroht. In vielen Teilen des Binnenlands sind die Uferschnepfen als Brutvögel bereits ganz verschwunden. Größere Trupps kann man nur beim Durchzug im Seichtwasser von flachen Seen oder im Frühjahr vor allem auf Überschwemmungsflächen beobachten. Die Winterquartiere liegen in West- und Südeuropa, reichen aber bis in die Sahelzone südlich der Sahara.

Großer Brachvogel

Numenius arquata

Von allen Vögeln aus der Schnepfenverwandtschaft hat der Große Brachvogel den schönsten Gesang. Zur Markierung seines Brutreviers steigt der Vogel steil auf, schlägt auf dem höchsten Punkt einige Male rasch mit den Flügeln und lässt sich dann langsam wieder hinabgleiten. Der Gesang beginnt dabei mit sanften *guug-guug-guug*, die dann schneller werden und in der Tonhöhe ansteigen. Vor der Landung gehen die Einzellaute in einen weithin hörbaren stimmungsvollen Triller über, wie etwa *trüt-trüt-türrürrütrürrrr*. Fliegende Brachvögel rufen klangvoll *kürli* oder *tlüi*, wenn sie erregt sind, in Wiederholung auch *tüi tüi tüi* oder mit rauerem Anlaut *chrüi*. Mit raschem *gügügüg* warnen die Eltern ihre Jungen im Brutgebiet vor Eindringlingen und Beutefeinden.

Der Große Brachvogel ist unter den Schnepfen Europas mit einer Länge von 48–57 cm die größte. Darin ist der auffallend lange, gleichmäßig gebogene Schnabel mit eingeschlossen. Auf ihn fallen etwa 9–15 cm. Weibchen haben längere Schnäbel als die Männchen. Winzige Sinnesorgane an der Spitze machen den Schnabel zu einer wichtigen Sonde, mit deren Hilfe der Vogel in die oberen Bodenschichten eindringen und sie nach tierischer Nahrung abtasten kann. Misst man nur ihren Körper, sind Brachvögel ein bisschen größer als Lachmöwen. Sie stehen allerdings auf viel längeren Beinen. Ihrem Gefieder fehlen auffallende Markierungen, es ist hauptsächlich grau- und hellbraun, an der Oberseite dunkel gemustert und auf der Unterseite gestrichelt. An den Flanken sitzen dunkle Pfeilflecken, der Unterschwanz ist weiß. Im Flug sieht man einen weißen Keil, der vom Bürzel bis zur Rückenmitte verläuft.

Ähnlich den Möwen fliegen auch Brachvögel in einem Winkel oder hintereinander in einer Linie zu ihren Rastplätzen im Wattenmeer, einem flachen Seeufer oder einer überschwemmten Fläche und manchmal auch zu Äckern. Während der Brutzeit leben sie paarweise in ihren Revieren, die ursprünglich in Hoch- und Niedermooren lagen. Streuwiesen zählen heute zu den wichtigen Brutplätzen, Fett- und Mähwiesen bieten auf Dauer allerdings keine Zuflucht, wenn die erste Mahd zu früh einsetzt. Mittlerweile ist der Große Brachvogel bei uns vom Aussterben bedroht. Die kleinen und größeren Trupps im Wattenmeer oder in Seichtwasserzonen an Binnengewässern bestehen wohl kaum aus heimischen Brutvögeln, sondern hauptsächlich aus Gästen von anderen Brutgebieten. Brachvögel überwintern vor allem in West- und Südeuropa, fliegen aber auch bis nach Afrika oder bleiben in kleiner Zahl bei uns.

GROSSER BRACHVOGEL: UNSER GRÖSSTER SCHNEPFENVOGEL MIT FLÖTENDER STIMME

HERVORRAGEND GETARNT UND IN DER DÄMMERUNG AKTIV: DIE WALDSCHNEPFE

Waldschnepfe

Scolopax rusticola

Wenn an einem Frühlingsabend die Sonne langsam hinter dem Wald verschwindet, ist es Zeit für einen seltsamen Vogel. Mit etwas Glück kann man ihn während der Dämmerung am Himmel sehen: eine kompakte Gestalt, die eulengleich mit steifen Flügelschlägen fliegt. Der lange Schnabel verrät die Waldschnepfe. Die balzenden Männchen lassen tiefe *quorr orr orr* hören, die mehrmals wiederholt und dann mit hellem hohen *pfitz* unterbrochen werden. »Quorren« und »Pfuitzen« nennt man das Lied der Waldschnepfe in der Jägersprache. Das balzende Männchen umkreist dabei ein größeres Gebiet und kommt nach kurzer Zeit wieder zurück. Es ist auf der Suche nach Weibchen, die auf dem Waldboden sitzen. Waldschnepfen sind vor allem dämmerungs- und nachtaktiv und am Tag kaum zu sehen.

Die Körperlänge des gedrungenen Vogels misst 33–38 cm. Seine Beine sind kurz, und der gerade Schnabel hat eine Länge von 6–8 cm. Das Gefieder ist so kompliziert gemustert, dass Waldschnepfen mit dem Waldboden regelrecht verschmelzen. Rötlich braune, hellbraune und schwarze Bänder und Flecken wechseln sich auf der Oberseite ab, die Unterseite ist mit feinen Bändern und der hellbraune Oberkopf mit breiten schwarzen Querstreifen besetzt.

In Hochwäldern, in denen die Bäume nicht zu dicht stehen, sodass sich eine Kraut- und Strauchschicht entwickeln kann und Waldschnepfen noch ausreichend Flugraum finden, legen die Weibchen ihre Eier in eine flache Mulde am Boden. Paarbindung scheint es nicht zu geben, und so kümmern sich nur die Weibchen um die Eier und Jungen. Im Spätherbst ziehen viele Waldschnepfen nach West- und Südeuropa, Überwinterungsversuche gibt es aber auch in Mitteleuropa.

BEKASSINEN »MECKERN« MIT DEN ABGESPREIZTEN ÄUSSEREN SCHWANZFEDERN.

Bekassine

Gallinago gallinago

Über den feuchten moorigen Wiesen liegt ein eigenartiges Geräusch in der Luft, das sich in Abständen wiederholt. Es klingt wie ein vibrierendes Brummen oder erinnert an das weit entfernte Meckern einer Ziege, das man nur schwer orten kann. Urheber ist die Bekassine, die hierbei eine komplizierte Technik anwendet, über die lange Zeit heftig diskutiert wurde. Mittlerweile ist eindeutig geklärt: Das Meckern der Bekassine ist ein Instrumentallaut, der entsteht, wenn sie beim Flug über ihr Brutrevier in einem Winkel von mehr als 45 Grad abgleitet. Dabei sind die beiden äußeren Schwanzfedern abgespreizt und geraten in Schwingung. Der Luftstrom, der auf sie trifft, wird durch die abgespreizten Flügel kontrolliert und immer wieder kurz unterbrochen. Nur so kann das zitternde Geräusch erzeugt werden. Bekassinen können aber auch singen. Sie sitzen dann am Boden, verharren auf einem Pfosten oder fliegen und stoßen in langen Stakkatoreihen *tüke tüke tüke* ... aus. Beim Auffliegen kann man ein nasales, gedämpftes *ätch* vernehmen.

Im Verhältnis zur Gesamtlänge von nur 23–28 cm ist der Schnabel der Bekassine mit 7 cm sehr lang. Über die braune Oberseite ziehen sich vier strohgelbe Streifen. Der Kopf ist mit dunklen Längsstreifen besetzt, und die hellere Unterseite zieren an der Brust dichte dunkle Striche und an den Flanken dunkle Pfeilflecken. Der Bauch ist weiß.

Bekassinen kommen als Brutvögel in Feuchtgebieten vor. Hier können sie mit ihren langen Schnäbeln im weichen Boden, zum Beispiel im ufernahen Schlamm, nach Kleintieren stochern. Wie auch andere Feuchtwiesenbrüter sind sie hierzulande vom Aussterben bedroht.

NUR IM SOMMER TRAGEN LACHMÖWEN DIE BRAUNE KAPUZE.

Lachmöwe

Larus ridibundus

JUNGVOGEL

Selten begegnet uns die häufigste Möwe allein. Meist sieht man sie zusammen mit Artgenossen. ***Kreeäh*** klingen ihre Rufe im Sommer, die sich in einer großen Brutkolonie zu einem vielstimmigen Geschrei steigern können. Von einzelnen Vögeln sind dann auch Reihen von Krächzlauten wie *rä grä grä-kräh* oder *krääääh krääääh*… zu hören. Im Winter sind die Rufe meist heller und kürzer. An Futterplätzen streiten sich Möwen mit kurzen *ke ke ke*, Jungvögel betteln in ihrem ersten Winter mit hohen *piiee*.

Die Körperlänge beträgt 35–39 cm, die Flügel spannen 86–99 cm. Damit sind Lachmöwen etwa so groß wie Tauben, allerdings deutlich schlanker. Im Flug sind sie schon von Weitem an dem weißen Keil im Vorderflügel zu erkennen. Im sommerlichen Prachtkleid tragen sie eine schokoladenbraune Kapuze, die aus der Entfernung schwarz wirkt. Aus der Nähe fällt der weiße Halbring um den hinteren Rand des Auges auf, Schnabel und Beine sind dunkelrot. Im Schlichtkleid, das die Vögel von Herbst bis Wintermitte tragen, ist die dunkle Kapuze bis auf ein paar kleine schwarze Ohrflecken hinter den Augen verschwunden. Die Jungvögel haben noch ein paar hell- oder dunkelbraune Federn an Kopf, Rücken und auf den Flügeln; ihre Beine sind hellrot bis gelblich.

In großen Kolonien brüten Lachmöwen in weiten Teilen Mitteleuropas: ob im Schilf am Seeufer oder auf einer Unterlage im Wasser, auf einem Stausee mit kahlen Ufern oder in Küstennähe. Außerhalb der Brutplätze sind sie fast überall zu sehen, natürlich meist in Wassernähe, aber mitunter auch auf einem Acker, wenn gerade der Boden bearbeitet wird. Die Zahl der Vögel ist in den letzten Jahrzehnten zurückgegangen.

AN DER KÜSTE SIEHT MAN SIE ÜBERALL: DIE SILBERMÖWE.

Silbermöwe

Larus argentatus

Die großen silbergrauen Möwen bestimmen nicht nur durch ihren eleganten Flug, sondern auch mit ihren Rufen unser Bild von den Küstengebieten. Ihr schallendes Jauchzen ist geradezu Inbegriff der Geräuschkulisse am Strand und kann sogar den Verkehrslärm in einem geschäftigen Hafen übertönen. Gegen Ende in der Tonhöhe etwas absinkend, vernimmt man ein *aau aau au kjiiiau kjau kjau*..., das wie Lachen und Klagen gleichzeitig klingt. Die Möwe hält dabei zunächst ihren Kopf unten und zieht ihn mit steigender Intensität des Rufens nach oben, wirft ihn zurück und reißt den Schnabel weit auf. Sonore *kjau* sind gelegentlich auch einzeln zu hören. Haben sie Angst, rufen die Vögel *gag-ag-ag*, was fast wie Lachen klingt.

Mit 55–67 cm Körperlänge und einer Flügelspannweite von 130–158 cm sind Silbermöwen etwas größer als Mäusebussarde. Ihr kräftiger gelber Schnabel hat an der Spitze einen roten Fleck, die gelben Augen werden von einem dünnen roten Ring gesäumt, und ihre Füße und Beine sind graurosa. Im Winter werden Kopf und Hals von feinen grauen Flecken geziert. Es dauert vier Jahre, bis Silbermöwen das Alterskleid anlegen, das ihr charakteristisches weißes Körpergefieder und die silbergrauen Flügel mit den schwarz-weißen Spitzen zeigt. Daher sieht man auch viele jüngere Vögel mit braun geflecktem Gefieder in allen Übergangsstufen zum Alterskleid.

Silbermöwen brüten an der Küste auf Kiessstränden und Sandbänken, aber auch im Binnenland – mitunter sogar auf Gebäuden. Im Winter stellen sich größere Scharen an Müllkippen und Abfallplätzen ein. Denn durch ihre vielseitige Nahrungswahl fressen die Vögel neben verschiedenen Meerestieren auch allerlei Abfall.

FLUSSSEESCHWALBEN SIND ELEGANTE FISCHJÄGER.

Flussseeschwalbe

Sterna hirundo

Mit einem langen spitzen Schnabel, sehr schlanken Körper und einem tief gegabelten Schwanz unterscheidet sich die Flussseeschwalbe deutlich von einer Lachmöwe. Sie gehört noch nicht einmal zu den Möwen, obwohl sie ebenfalls ein weißes Gefieder trägt und am Wasser lebt. Mit kurzen *kjik* oder *kick* halten Flussseeschwalben den Kontakt zueinander, an den Brutkolonien kann man erregt klingende Lautreihen wie *kierrekierre*... hören. Gedehnt abfallende *kriiiää* zeigen Gefahr an, kurze *kekekek* signalisieren Beunruhigung.

Die Flussseeschwalbe erreicht eine Körperlänge von 31–35 cm, davon nehmen die langen Schwanzspieße 5–8 cm in Anspruch. Die Flügelspannweite beträgt 82–95 cm. Wenn die zierlichen Vögel sitzen, reichen die verlängerten äußeren Schwanzfedern nicht über die zusammengelegten Flügel hinaus, wie das im Gegensatz dazu bei der fast zum Verwechseln ähnlichen Küstenseeschwalbe mit ihren längeren Schwanzspießen der Fall ist. Der schlanke, spitze Schnabel ist im Prachtkleid orangerot und hat eine schwarze Spitze (bei der Küstenseeschwalbe ist er vollständig dunkelrot). Im Prachtkleid zieht sich vom Nacken über den Oberkopf bis an den Stirnansatz am oberen Schnabelrand eine schwarze Kappe. Im Schlichtkleid, das im Herbst angelegt wird, ist die Stirn weiß und der Schnabel schwarz. Das Jugendkleid ist dem Schlichtkleid ähnlich, hat aber zumindest anfänglich am Rücken noch hellbraune Federn. Die Basis des Jugendschnabels ist orange.

Flussseeschwalben sind Fischjäger, sowohl im küstennahen Meer als auch in stehenden und fließenden Binnengewässern. Ihre Technik ist das Stoßtauchen: Je nach Windverhältnissen stoßen sie aus dem Suchflug über dem Wasser in einem mehr oder weniger steilen Winkel hinunter, um kleine Fische nahe der Oberfläche mit dem Schnabel zu ergreifen. Diese Form der Jagd bedarf hoher Geschicklichkeit und ist auch für die Seeschwalben als Ernährungsgrundlage etwas mühsam. Nicht nur bei der Balz spielt das Überreichen eines Fischchens daher eine wichtige Rolle, sondern das Männchen versorgt sein Weibchen auch etwa ab dem zehnten Tag vor der Eiablage mit Nahrung. Später wird der brütende Partner sogar gefüttert. Flussseeschwalben brüten in Kolonien, in denen vor allem an der Küste über hundert Nester dicht nebeneinanderstehen können. Schutzgebiete müssen solche Kolonien sichern. Im Binnenland brüten die Flussseeschwalben heute meist in kleinen Kolonien auf Nistflößen, die von Naturschützern ausgebracht wurden. Geschützte Uferflächen oder Flussbänke gibt es kaum noch. Mitteleuropäische Flussseeschwalben überwintern im tropischen Afrika.

HOHLTAUBEN KANN MAN LEICHT MIT HAUSTAUBEN VERWECHSELN.

Hohltaube

Columba oenas

In dem großen Spechtloch eines mächtigen Buchenstamms verschwindet nicht etwa ein Schwarzspecht, sondern eine blaugraue unauffällige Taube. Viel hat man nicht gesehen, nur dass sie der Haustaube ähnelt. Aus dem Blätterdach ist in fast monotoner Folge ein rhythmisches Rucksen zu hören, wie *grru-**ruck***, *gruu-**ruck***… Wo der unermüdliche Sänger sitzt, ist allerdings schwer auszumachen. Größere Bestände alter Bäume, in denen ausgefaulte Astlöcher oder die Vorarbeit von Spechten Bruthöhlen anbieten, sind das Revier der Hohltaube. Die Taube ist nicht etwa hohl, sondern der merkwürdige Name bezieht sich darauf, dass sie in Höhlen brütet. Früher war die Bezeichnung Holztaube geläufiger, die sogar etwas passender ist. Hohltauben halten sich vor allem an Waldrändern auf, brüten aber auch in Gehölzen, Alleen oder Parkanlagen. Wie alle Tauben brauchen sie offenes Land für die Nahrungssuche.

Mit 28–32 cm Körperlänge haben Hohltauben etwa die Größe unserer bekannten Straßentauben, die von verwilderten Haustauben abstammen. Im Unterschied zur größeren Ringeltaube zeigt die Hohltaube keine weißen Markierungen. Im Flug setzt sich lediglich ein hellgraues Flügelfeld gegen den dunklen Hinterrand und die dunklen Flügelspitzen ab. Im Sitzen sind nur zwei kleine schwarze Marken auf dem Flügel zu erkennen, die deutlich kleiner sind als die kräftigen schwarzen Streifen bei Haustauben.

Früchte, Samen und grüne Pflanzenteile bilden die Nahrung der Hohltauben. Im Spätsommer sieht man sie in kleinen Schwärmen auch auf Ackerflächen. Im Herbst ziehen viele in mildere Gebiete Europas, an günstigen Stellen bleiben einige von ihnen über Winter auch bei uns.

UNSERE GRÖSSTE TAUBE IST DIE RINGELTAUBE.

Ringeltaube

Columba palumbus

Ringeltauben sind schwer zu übersehen. Mit klatschenden Flügelschlägen platzen sie in die Ruhe eines Waldspaziergangs, in Schwärmen lassen sie sich zu Hunderten auf einem Feld nieder, und in vielen Städten sind sie vertraute Garten- und Straßenvögel. Nur im Gebirge scheinen sie sich nicht wohlzufühlen. Fast das ganze Jahr über singen Männchen wie Weibchen drei- bis fünfsilbig *ru**guh**gu-gugu*, oft mehrfach hintereinander. Im Balzflug steigt das Männchen mit kräftigen Flügelschlägen 30 bis 40 Meter steil empor, klatscht laut am höchsten Punkt und schwebt dann mit gespreizten Flügeln und gefächertem Schwanz schräg hinab. Unklar ist, ob die Flügel unter dem Bauch zusammenschlagen oder so rasch durch die Luft gezogen werden, dass ein »Peitschenknall« entsteht.

Die größte unserer Tauben wird 40–42 cm lang. Ihr relativ kleiner runder Kopf sitzt auf dem fast plump wirkenden Körper. Ringeltauben rudern schnell durch die Luft und können falkengleiche Wendungen ausführen, wenn sie überrascht werden. Ihre Grundfärbung ist hell blaugrau, die gewölbte Brust weinrot gefärbt. Im Nacken sitzt ein grün und violett schillernder Fleck, und an den darunterliegenden Halsseiten befindet sich jene weiße Markierung, die der Taube ihren Namen gegeben hat, aber den erwachsenen Jungvögeln noch fehlt. Im Flug sieht man bei Jung und Alt einen breiten weißen Streifen im Flügel.

In ihrer Größenklasse sind Ringeltauben wohl unsere häufigsten Vögel. Man begegnet ihnen vom Wald bis in die Innenstädte. In ländlichen Gebieten sind sie eher scheu, aber in vielen Städten machen sie den zutraulichen Straßentauben erfolgreich Konkurrenz.

TÜRKENTAUBEN HABEN SICH IN DEN LETZTEN SECHZIG JAHREN GUT BEI UNS EINGELEBT.

Türkentaube

Streptopelia decaocto

Die schlanke Taube, die heute aus unseren Städten und Dörfern nicht mehr wegzudenken ist, hat eine aufregende Geschichte. Ursprünglich im südlichen Asien zu Hause, breitete sie sich ab den 1930er-Jahren von der Balkanhalbinsel nach Nordwesten über ganz Europa aus. Innerhalb von etwa 20 Jahren verschob sich die Nordgrenze ihres Brutareals um etwa 2000 Kilometer. Die Ursachen dieser Expansion sind immer noch unklar. Heute begleitet uns ihr Gesang fast das ganze Jahr über, ganz zum Ärger empfindlicher Menschen. Ihre monotone Strophe besteht aus dreisilbigen *gu-**guu**-gu gu-**guu**-gu*… und wird fleißig wiederholt. Heisere *chräii* sind vom Männchen zu hören, wenn es bei der Balz nach einem kurzen Aufstieg mit klatschenden Flügeln wieder auf eine Dachantenne zurückgleitet.

Die langschwänzige kleine Taube ist 29–33 cm lang. Vom hellen einheitlich beigegrauen Gefieder heben sich dunkle Flügelspitzen und ein schwarzer Halbring um den Nacken ab. Am gefächerten Schwanz kann man einen in der Mitte unterbrochenen weißen Spitzensaum erkennen; die Schwanzunterseite ist fast vollständig weiß. Jungvögel tragen noch keinen Halskragen.

In dichten Büschen oder Bäumen und manchmal auch an Gebäuden baut das Taubenpaar innerhalb weniger Tage eine einfache Nestplattform aus Reisern, mitunter verwendet es dafür sogar Metalldrähte. Das Weibchen legt darauf zwei weiße Eier. Innerhalb eines Jahres können zwei bis vier Bruten hintereinander stattfinden. Pflanzen, Früchte, Beeren, Samen und organischer Abfall bilden die vielseitige Nahrung der Türkentauben, und auch an Futterstellen für Singvögel stellen sie sich immer wieder ein.

TURTELTAUBEN SIND ZUGVÖGEL UND KOMMEN ERST IM MAI AUS IHREM WINTERQUARTIER ZURÜCK.

Turteltaube

Streptopelia turtur

Nicht in Städten, sondern in einer mit Büschen, Gehölzen und Hecken durchsetzten halb offenen Kulturlandschaft kann man der Turteltaube begegnen. Ihr deutscher und lateinischer Name leiten sich von ihrem Gesang ab. Aus dem Dickicht kommt ein schnurrendes *turr turr turr . . .*, das häufig wiederholt wird. Von der Taube selbst sieht man zunächst nichts. Wird sie erschreckt, fliegt sie rasch und ohne lautes Klatschen mit fast zuckenden Flügelschlägen steil nach oben. Hat sie an Höhe gewonnen, wechseln schnelle Flügelschläge mit kurzen Gleitstrecken ab, dabei dreht sich der schlanke Körper meist schnell von einer auf die andere Seite.

Mit 25 – 28 cm ist die Turteltaube etwa so groß wie eine Misteldrossel und damit unsere kleinste Taube. Ihre Oberseite trägt ein Schuppenmuster, denn die Schulter- und kleinen Deckfedern haben jeweils ein schwarzes Zentrum und sind breit orangebraun gesäumt. Der kleine blaugraue Kopf sitzt über einer rosafarbenen Brust, und nur aus der Nähe lässt sich ein Halsfleck aus schwarzen und weißen Streifen ausmachen. Während des Flugs fällt im Flügel neben der schwarzen Spitze ein graues Feld auf. Der Saum des Schwanzes setzt sich weiß von der überwiegend schwarzen Schwanzbasis ab.

Turteltauben kommen bei uns nur als Brutvögel vor, die im sommerwarmen und trockenen Tiefland brüten, vorausgesetzt, dass dort eine abwechslungsreiche Kulturlandschaft ausreichend Brutmöglichkeiten und Nahrung bietet. Ihre abnehmenden Bestände sind gefährdet, was vermutlich mehrere Ursachen hat: die Intensivierung unserer Landnutzung, hohe Verluste durch Abschuss in den Mittelmeerländern und vom Klimawandel geförderte Trockenheit in den Savannen Afrikas, ihrem wichtigsten Wintergebiet.

OFT GEHÖRT, ABER KAUM JE GESEHEN: DER KUCKUCK

Kuckuck

Cuculus canorus

Der unverwechselbare, weittragende Gesang des Kuckuckmännchens ist ein traditioneller Frühlingsbote. Das meist zweisilbige ***guh**-kuh* wird in der Regel auf der ersten Silbe betont, der Tonunterschied entspricht einer kleinen Terz. Kuckucke singen aber mitunter auch in etwas größeren Tonintervallen, und manche lieben es dreisilbig ***guh** guh kuh.* Weibchen kichern, sie lassen ein sprudelndes Trillern hören, das an den Gesang des Zwergtauchers erinnert. Bei Erregung vernimmt man von beiden Geschlechtern ein heiseres ***goch**-chä-chä-chä,* als ob sich der Vogel räuspern würde. Junge Kuckucke betteln im Nest oder nach Verlassen des Nests, wenn sie von ihren Zieheltern noch längere Zeit gefüttert werden, durchdringend *psrie.*

Im Flug ähnelt der Kuckuck mit seinem schlanken Körper, dem langen Schwanz und den spitzen Flügeln einem Turmfalken. In seiner Färbung und Zeichnung – auf der Oberseite blaugrau, auf der Unterseite fein quer gebändert – erinnert er auch an einen Sperber, der jedoch rundere Flügel hat. Die Körperlänge beträgt 32–36 cm, die Flügelspannweite 54–65 cm. Beim Männchen sind Oberseite, Kopf und Brust blaugrau. Die weiße Unterseite ist scharf von der grauen Brust abgesetzt und trägt feine schwärzliche Querstreifen. Die Schnabelbasis, Regenbogenhaut im Auge und Füße sind gelb. Unter den Weibchen gibt es zwei Typen: einen grauen wie die Männchen, dessen Unterseite allerdings rostfarben ist, und einen rostbraunen, der häufig oben wie unten quer gebändert ist. Die Jungen sind schiefergrau mit rostfarbener Tönung. Ein auffallendes Merkmal ist ihr weißer Nackenfleck. Kuckucke fliegen mit raschen Flügelschlägen, wobei die Flügel nie über den Körper angehoben werden. Auf einem dürren Ast oder auch auf einer Drahtleitung richtet das Männchen oft seinen gefächerten Schwanz auf, lässt die Flügel hängen und dreht sich von einer Seite auf die andere.

Kuckucksweibchen legen ihre Eier in die Nester von anderen Vögeln, vor allem von Rohrsängern, Bachstelzen, Piepern, Rotkehlchen oder Rotschwänzen. In jedem Nest wird nur ein Ei untergebracht, dessen Färbung meist dem der künftigen Pflegeeltern gleicht. Der geschlüpfte Jungkuckuck wirft als Erstes alle anderen Eier und frisch geschlüpften Jungen aus dem Nest, denn er braucht zum Gedeihen alle Nahrung, die seine meist viel kleineren Pflegeeltern herbeischaffen können. Wenn Wirtsvögel vorhanden sind, können Kuckucke in den verschiedensten Lebensräumen vorkommen und keineswegs nur im Wald, wie ein Kinderlied besagt. Die Zugvögel überwintern im tropischen Afrika.

Uhu

Bubo bubo

Seinen Namen kennt jeder, aber nur wenige haben den König der Nacht schon einmal gesehen, obwohl sich sein Bestand in den letzten Jahrzehnten erholt hat und man Uhus manchmal sogar in Städten begegnet. Fast das ganze Jahr über, vor allem aber gegen Ende des Winters und im Vorfrühling, singt das Männchen in kurzen Abständen sein tiefes ***buho*** oder ***uuho***, mitunter die ganze Nacht lang. Der Laut klingt fast einsilbig und ist eigentlich nicht sehr laut. Aber zumindest die betonte erste Silbe ist weithin zu hören. Der nächtliche Gesang beeindruckte von jeher die Menschen, sodass er nicht nur in der volkstümlichen Überlieferung, sondern auch in der Wissenschaft zum Namen wurde. Die Weibchen antworten etwas höher und nicht so volltönend *uh-ho*. Man kann also schon mit dem Gehör feststellen, ob da ein einsames Männchen ruft oder das Paar im Revier ist. Weibchen melden sich während der Brutzeit bellend *chriä*. Als Warnruf hört man harte *gräck*, die an Graureiher erinnern und oft hastig aneinandergereiht werden.

Mit 60–73 cm Körperlänge und einer Flügelspannweite von 138–170 cm ist der Uhu die größte Eule der Welt. Der breite Kopf mit den auffallenden Federohren geht ohne sichtbaren Hals in den Körper über. Die beiden großen orangegelben Augen sitzen wie bei Eulen üblich vorne im Kopf und nicht seitlich wie bei fast allen anderen Vögeln. Dadurch bekommt der Uhu ein richtiges Gesicht, das uns aber ausgesprochen grimmig ansieht. Das Gefieder ist an der Unterseite gelblich und trägt besonders auf der Brust kräftige dunkle Längsstreifen. Die Oberseite ist braun und dunkel gefleckt. Wenn die Vögel rufen, wird ihre weiße Kehle sichtbar. Die Jungen verlassen die Nestunterlage, noch bevor sie befiedert sind, und sitzen dann in der Umgebung.

Uhus brüten in Felswänden oder Steilwänden, gelegentlich auch auf dem Boden oder in einem großen verlassenen Greifvogelhorst. In dichten Baumgruppen verbringen sie den Tag. Daher sind sie in Mittel- und Hochgebirgen sowie in Flusstälern von jeher zu Hause. Aber die Umgebung muss das ganze Jahr über ausreichend Nahrung bieten, denn Uhus sind Standvögel. Die Liste ihrer Beutetiere reicht von Spitzmäusen bis zum Rehkitz und von kleinen Singvögeln bis zum Graureiher. Auch Amphibien, Fische und gelegentlich sogar Insekten werden erbeutet. Durch umfassende Schutzmaßnahmen hat sich der Uhubestand bei uns erholt und vor allem in Norddeutschland sogar vermehrt. Wenn sie nicht zu sehr gestört werden, fliegen junge Uhus heute sogar an Brutplätzen in Steinbrüchen, auf Gebäuden oder in Fabrikanlagen aus.

DER UHU IST DIE GRÖSSTE EULE DER WELT.

VERBORGENER BEWOHNER IN GROSSEN WÄLDERN: DER RAUFUSSKAUZ

Raufußkauz

Aegolius funereus

Wenn im Bergwald noch Schnee liegt, singen die Raufußkäuze nach Einbruch der Dämmerung, einsame Männchen meist die ganze Nacht. Ihr Gesang setzt sich aus einer Reihe von schnellen klangvollen Pfeiftönen zusammen, die oft gleich zu Beginn etwas schneller werden und auch in der Tonhöhe geringfügig ansteigen, etwa wie *huhuhuhuhu* ... Je nach Erregung klingt es unterschiedlich schnell und hoch und bei ruhigem Wetter bis über zwei Kilometer weit. Einige kurze Rufe sind das ganze Jahr über zu hören, am häufigsten ist ein schnalzendes *zjuk,* ähnlich einem aufgeregten Eichhörnchen.

Mit einer Körperlänge von 22–27 cm und einer Flügelspannweite von 50–62 cm gehört der Raufußkauz zu den kleineren einheimischen Eulen – kleiner ist lediglich der Sperlingskauz. Man bekommt den Vogel nur selten zu Gesicht. Die besten Chancen hat man, wenn man von einem Kenner geführt wird, denn allein in dichten Nadel- oder Mischwäldern nach Raufußkäuzen zu suchen ist fast aussichtslos. Mit etwas Glück entdeckt man ein Eulengesicht, das auf den Beobachter einen eher erstaunten Eindruck macht. Aus einem hellen, fein dunkel umrahmten Gesichtsfeld blicken Augen mit gelber Regenbogenhaut. Der breite Kopf ist oben abgeflacht, und manchmal deutet die Silhouette in der Scheitelmitte eine kleine Vertiefung an. Die Oberseite ist braun und vor allem an der Schulter mit unscharfen weißen Flecken besetzt, die auch auf den Schwungfedern sichtbar werden. Der Oberschwanz wird von feinen weißen Fleckenreihen überzogen. Auf der weißen Unterseite sitzen diffuse braune Flecken. Der Name des Vogels bezieht sich auf die dicht befiederten Läufe und Zehen, von denen man beim sitzenden Kauz allerdings wenig sieht. Die Jungen verlassen noch im Dunenkleid die Bruthöhle und sitzen als schokoladenbraune Ästlinge in der Nähe.

Dichte Misch- und Nadelwälder sind der Lebensraum des Raufußkauzes. Ursprünglich war der fast ausschließlich nachtaktive Vogel nur als Brutvogel der Alpen und der höheren Mittelgebirge bekannt. Mittlerweile haben ihn aufmerksame Vogelbeobachter aber auch weit verbreitet in den Wäldern der Ebene entdeckt, in denen er manchmal sogar nahe von Großstädten vorkommt. Dem Höhlenbrüter, der vor allem auf leere Schwarzspechthöhlen angewiesen ist, kann man auch Nistkästen anbieten, die allerdings nicht überall sofort, bei Erfolg aber immer wieder angenommen werden. Die Nahrungsgrundlage bilden vor allem Mäuse und andere kleine Säugetiere, aber auch Vögel bis zur Größe einer Drossel. Im Winter dienen spätere Bruthöhlen oft als Nahrungsspeicher.

Waldohreule

Asio otus

In die Sommernacht dringt aus der dichten Fichtenschonung ein weithin hörbares hohes Fiepen, etwa wie *zi-eh*. Es wird stundenlang in gleichmäßigen Abständen von fünf bis zehn Sekunden vorgetragen. Die Urheber sind junge Waldohreulen, die als Ästlinge im Alter von etwa drei Wochen das Nest verlassen haben und irgendwo versteckt in den Bäumen sitzen. Ihre Bettelrufe, die der Konstanz eines elektronisch erzeugten akustischen Signals nahekommen, lotsen die nachts jagenden Altvögel dorthin, wo sie ihre Beute abliefern müssen. Im Frühjahr besteht der Reviergesang des Männchens aus knappen *hu,* die hohl und nicht so durchdringend klingen, aber auch fast im Sekundentakt ausdauernd wiederholt werden können. Tagsüber sitzen Waldohreulen auf Ästen, meist nahe am Stamm. Beunruhigt legen sie das Gefieder eng an und strecken sich. Der Körper wird schlanker, die leuchtenden Augen sind bis auf einen schmalen Spalt geschlossen, und der Vogel gleicht so einem Stück Rinde. Auf der Suche nach Mäusen jagen Waldohreulen in der Abend- und Morgendämmerung lautlos über dem Boden von Feldern und Wiesen.

Waldohreulen sind schlanker als Waldkäuze und mit 35–37 cm Körperlänge auch ein wenig kleiner, doch spannen ihre Flügel mit 90–100 cm geringfügig weiter. Namengebend sind die langen »Federohren« oben am Kopf, die bei Aufmerksamkeit und leichter Erregung aufgestellt und im Ruhezustand angelegt werden. Sie haben allerdings mit dem Gehörsinn nichts zu tun, denn die Ohren sitzen nicht sichtbar an den Seiten des Kopfes. Die Augen leuchten orange. Das Gefieder ist an der Oberseite dunkler, an der Unterseite heller braun. Die rindenähnliche Färbung kommt durch das vielfältige Flecken- und Strichelmuster zustande. Das Gesicht wird von einem fein umrandeten hellbraunen Gesichtsfeld, dem sogenannten Schleier, bestimmt. Die Ästlinge tragen noch das hellgraue Dunenkleid, das erst nach und nach durch braune Federn ersetzt wird.

Waldohreulen brüten an Waldrändern, in Gehölzen oder auch in großen Parks. Offenes Land als Jagdgebiet sollte von den Nestern nicht zu weit entfernt liegen. Die Eier werden in die verlassenen Nester von anderen Vögeln, meist Krähen, gelegt. Die Hauptnahrung sind Mäuse. Waldohreulen können zwar auch Vögel fangen, doch wenn in langen schneereichen Wintern kein Mäusefang möglich ist, verhungern viele von ihnen. Manche fallen auch dem Uhu oder sogar einem Waldkauz zum Opfer. Im Winter kommen sie gelegentlich in die Stadt, wo sie sich – mitunter sogar in größeren Gärten – tagsüber in kleinen Schlafplatzgesellschaften sammeln. In manchen Gebieten sind Waldohreulen mittlerweile selten geworden.

GUT GETARNT, RUHT DIE WALDOHREULE AN IHREM TAGESEINSTAND.

DER WALDKAUZ IST AN DEM RUNDEN GROSSEN KOPF OHNE FEDEROHREN ZU ERKENNEN.

Waldkauz

Strix aluco

Unsere häufigste und bekannteste Eule sitzt tagsüber nahe dem Stamm auf einem Baum, unter dem zum Beispiel in einem Park sogar täglich viele Menschen vorbeigehen; oder auch in einem Mauerloch eines alten Gebäudes. Nachts fliegt der Waldkauz auf leisen Schwingen zur Jagd. Gesang und Rufe sind jedermann bekannt, denn immer wenn es im Fernsehkrimi Nacht wird, sind sie zu hören. Vor allem im Herbst und im Vorfrühling singt das Männchen ***huh*** *hu-uuuuuuu*, zwischen dem ersten gedehnten *huh* und dem nachfolgenden raschen Triller, der vibrierend endet, verstreichen einige Sekunden. Die Weibchen antworten schrill ***kewick***. Einzelne *hu* und *kewick* kann man von beiden Geschlechtern das ganze Jahr über hören. Besonders im Herbst sind auch erregte Reihen von *kiti kit kit* zu hören als eine Art Herbstgesang. Waldkäuze sind sehr ruffreudig.

Mit einer Körperlänge von 40–45 cm zählt der Waldkauz zu unseren größeren Eulen. Er erreicht eine Flügelspannweite von 80–95 cm. Sein großes rundes Gesicht wird von kleinen schwarzen Federn gesäumt, und ein dunkler Federkeil läuft vom Oberkopf über die Stirn hinunter bis zum Schnabelansatz. Zusammen mit den großen schwarzen Augen und helleren Augenbrauen verleiht dies dem Waldkauzgesicht einen freundlichen Ausdruck. Oft ist das Gefieder im Grundton rötlich braun, häufiger aber mehr graubraun. Rote und braune Waldkäuze kommen in verschiedenen Gebieten in ganz unterschiedlichem Zahlenverhältnis vor. An der Unterseite ist das Gefieder immer mit dunklen Längsstreifen besetzt. Dunkle Striche überziehen neben einzelnen hellen Fleckenreihen auf den Schultern auch die Oberseite. Im Flug wirken Waldkäuze mit ihrem dicken Kopf und den relativ breiten Flügeln kompakter als Waldohreulen.

In ihrer Beutewahl sind sie vielseitig, und als Standvögel mit festen Jahresrevieren gleichen sie somit lokale Engpässe an einzelnen Beutetieren aus. Eine wichtige Grundlage bilden Mäuse und andere Kleinsäuger, Stadtkäuze nutzen eher das Angebot an Kleinvögeln. Aber auch Amphibien, vor allem Frösche, werden regelmäßig erbeutet. Regenwürmer und Insekten bis hin zu Ratten, Eichhörnchen, Tauben oder Krähen erweitern die Beutepalette. Ihre Eier legen Waldkäuze in Baum- und Felshöhlen oder Gebäudeöffnungen. Darüber hinaus nehmen sie auch große Nistkästen an. Die Jungen verlassen die Bruthöhle, bevor sie flügge sind, und klettern als Ästlinge, zunächst noch im Dunenkleid, etwas herum. Dabei geraten sie oft auf den Boden und versuchen dann, wieder ein Stück in die Höhe zu gelangen. Wenn sie flügge geworden sind, dauert es noch eine Weile, bis sie sich durch die Jagd auf Wirbeltiere ausreichend selbst versorgen können.

Schleiereule

Tyto alba

Schleiereulen zählen zweifellos zu unseren schönsten und elegantesten Vögeln. Von ihren Stimmäußerungen kann man das allerdings kaum behaupten. Der Revierruf des Männchens ist ein heiseres kreischendes *chrrüüüüii*, das auch zu einem tremolierenden Triller verlängert werden kann und sowohl beim Sitzen als auch im Flug ausgestoßen wird. Am Nest äußern beide Partner im Duett ein leises Schnurren. Gefahren begegnen Schleiereulen mit Fauchen und knackendem Schnabelknappen oder einem mehrere Sekunden andauernden Rauschen. Kleine Nestlinge betteln trillernd, größere lassen ein Schnarchen hören, das ihren Standort verrät und damit den Kontakt zu den mit Nahrung ankommenden Eltern herstellt. Das Schnabelknappen ist ein Instrumentallaut, den bereits die herangewachsenen Jungen als akustische Abwehr beherrschen. Da Schleiereulen ihre Eier in eine dunkle und geräumige Nische legen, wie sie Kirchtürme, Scheunen, Taubenschläge, Dachböden alter Häuser oder Ruinen bieten, spielen die Laute am Brutplatz eine bedeutende Rolle. So kann es vorkommen, dass Menschen mit ihnen unter einem Dach leben und von den seltsamen Geräuschen erschreckt werden.

Die Schleiereule trägt das mit Abstand hellste Gefieder unter unseren Eulen. Sie gehört auch einer eigenen Familie der Eulen an. Etwas kleiner und vor allem schmaler als ein Waldkauz, misst sie in der Länge 33–39 cm, hat aber mit 80–95 cm die gleiche Flügelspannweite. Ihr großer Kopf trägt einen hellen, deutlich herzförmigen Schleier, in dem die schwarzen Augen sitzen. Der Schleier wirkt wie ein Schalltrichter für die unglaublich sensiblen Ohren, mit denen Schleiereulen selbst bei tiefer Dunkelheit ihre Beute orten können. Die Oberseite des Gefieders ist hell ockergelb und grau und wird von grauen Punkten überzogen. Die Unterseite ist meist gelborange, manchmal fast weiß. Die relativ langen Beine sind dünn befiedert.

Schleiereulen jagen meist in der Nacht. Ihr wichtigstes Beutetier ist neben anderen kleinen Säugetieren die Feldmaus. Ersatznahrung bieten kleine Vögel, Amphibien oder große Insekten. Die Zahl der Jungen, die in einem Jahr großgezogen werden, ist sehr unterschiedlich. Bei hohem Mäuseangebot gelingen in einem Jahr zwei Bruten, wenn es wenig Mäuse gibt, findet in einem Jahr überhaupt keine Brut statt. Schleiereulen brüten in Gebieten, in denen die Zahl der Schneetage nicht sehr hoch ist. Brutplätze sind vor allem Gebäude in Kleinstädten und ländlichen Gegenden, zur Jagd benötigen sie offenes Land. Man kann den Schleiereulen durch das Freihalten von Turmluken und mit künstlichen Nisthilfen die Ansiedlung erleichtern.

ELEGANTER MITBEWOHNER UNTERM DACH: DIE SCHLEIEREULE

DER KLEINE SPERLINGSKAUZ HAT WACHE GELBE AUGEN.

Sperlingskauz

Glaucidium passerinum

In der Abenddämmerung ist in Bergwäldern eine monotone Reihe von etwas traurig klingenden Pfeiftönen zu hören: *büh büh büh* ..., ähnlich dem Ruf des Gimpels. Diese mit regelmäßigen Pausen vorgetragenen Laute sind das Lied des Sperlingskauzes. Die einzelnen Männchen singen unterschiedlich hoch, manchmal auch ein wenig schneller. Bei Erregung nimmt man zwischen den Pfiffen ein leise stotterndes *ü-ü* wahr. Die Weibchen singen ähnlich. Das ganze Jahr über lassen die Männchen außerdem eine Rufreihe mit steigender Tonhöhe vernehmen, die sogenannte Tonleiter. Sie dient wahrscheinlich unter anderem der Reviermarkierung. Wenn Sperlingskäuze singen, melden sich in der Umgebung mitunter Hauben- und Tannenmeisen mit ihren Warnrufen. Sie haben auch allen Grund dazu, denn die kleinen Eulen sind Vogeljäger.

Mit nur 15–19 cm Körperlänge und einer Flügelspannweite von 32–39 cm ist der Sperlingskauz nur etwa so groß wie ein Star und damit die kleinste europäische Eule. Sein leicht flacher Kopf ist so breit wie der Körper, wirkt aber im Vergleich zu Raufuß- oder Steinkauz deutlich kleiner. Das Gesicht hat nur einen schwach ausgebildeten Schleier. Über den eng zusammenliegenden, stechend gelben Augen verläuft ein weißer Augenbrauenstreif, der sich um den Innenrand der Augen nach unten fortsetzt. Dreht der kleine Kauz seinen Kopf, sieht man auf dem Hinterkopf eine ähnliche weiße Zeichnung – wie ein Scheingesicht, das vielleicht von hinten kommende Feinde abschrecken soll. Die Oberseite des Gefieders ist graubraun und fein weiß gesprenkelt, die Unterseite weißlich mit brauner Brust. Der Bauch trägt dunkle Streifen.

Sperlingskäuze sind keine reinen Nachtvögel, sondern durchaus auch am Tag aktiv. Wie Spechte fliegen sie schnell in einer wellenförmigen Flugbahn, und zum Ausschauhalten verweilen sie gerne auf einer Fichtenspitze. Wenn sie etwas aufgeregt sind, zucken sie dabei mit dem Schwanz. Tagsüber jagen sie vor allem im späten Sommer flügge junge Singvögel und im Winter Kleinvögel, sonst auch Mäuse und andere kleine Säugetiere. Wird nicht die ganze Beute sofort verzehrt oder für die Fütterung der Jungen verbraucht, legen Sperlingskäuze Nahrungsdepots an. Ihre Eier bringen sie in Spechthöhlen unter; Nistkästen beziehen sie nur selten. Lange Zeit glaubte man, Sperlingskäuze würden nur in den Nadelwäldern der Alpen und hohen Mittelgebirge leben. Inzwischen haben allerdings genauere Nachforschungen auch Vorkommen in den Nadel- und Mischwäldern des Tieflands ergeben. Vielleicht hat die kleine Eule ihr Verbreitungsgebiet bei uns vergrößert, vielleicht hat man sie aber an manchen Orten auch einfach nur übersehen.

Steinkauz

Athene noctua

Steinkäuze stoßen mit ihren Lebensraumansprüchen bei uns heute auf große Probleme. Sie sind Bodenjäger und benötigen Flächen mit niedriger Vegetation, die ausreichend Nahrung, aber auch geeignete Höhlen in Bäumen oder halb verfallenen Gebäuden bieten. Diese Kombination bieten traditionelle extensiv bewirtschaftete Kulturlandschaften, die immer mehr verschwinden. Der Reviergesang des männlichen Steinkauzes ist eine monotone Reihe von Lauten wie *guhhk*, die alle 5 bis 20 Sekunden wiederholt wird. Die Weibchen antworten den Männchen mit kürzeren und weniger klangreinen Lauten. Kurze *kek* oder *kjjau* sind Warnrufe, und erregte Steinkäuze melden sich mit bellenden *kwieju*.

Mit einer Körperlänge von 23–27 cm zählt der Steinkauz zu unseren kleinen Eulen. Er entspricht in der Größe etwa einem Raufußkauz, der allerdings in einem anderen Lebensraum vorkommt. Der Kopf ist groß und rund, aber der Scheitel ähnlich dem des Sperlingskauzes ziemlich flach. Die relativ langen Beine sind mit dichten weißen Federn besetzt, der Schwanz ist kurz. Bei Erregung wippen die gedrungen wirkenden Käuze heftig auf und ab. Ihre Oberseite ist hellbraun und mit vielen weißen Flecken besetzt, die auf dem Kopf sehr fein, auf dem Rücken und auf den Flügeln wesentlich kräftiger sind. Die weiße Unterseite zieren dichte braune Längsstreifen. Das Gesicht mit den gelben Augen und dem weißen Überaugenstreif könnte man als »ernst« beschreiben. Da Steinkäuze tagsüber sehr aktiv sind, kann man sie mitunter auch auf Masten, Pfosten von Weidezäunen, Gebäuden, ja sogar auf Leitungsdrähten frei in der Sonne sitzen sehen. Die Beute wird zwar in der Dämmerung und nachts gefangen, doch Steinkäuze jagen auch gerne mal am Tag einem großen Käfer nach oder versuchen einen Regenwurm aus dem Boden zu ziehen. Kleine Säugetiere und gelegentlich Vögel bilden allerdings den Hauptanteil der Nahrung.

»Streuobstwiesen« ist das Schlagwort für den Lebensraum des Steinkauzes bei uns. Man versteht darunter eine traditionelle Form des Obstbaus mit hochstämmigen Obstbäumen unterschiedlichen Alters in klimatisch milden Lagen. Hier haben sich Restbestände des stark gefährdeten Vogels halten können, doch Streuobstwiesen findet man immer seltener. Vor allem Hessen gilt gegenwärtig als Steinkauzland, da hier der Mangel an geeigneten Baumhöhlen mit besonders konstruierten Niströhren behoben wurde, in denen heute wohl die meisten Steinkäuze brüten. Diese Hilfen lösen aber nicht alle Probleme. Auch in günstigen Lebensräumen ziehen kalte Winter Bestandseinbrüche nach sich.

DER AUCH AM TAG AKTIVE STEINKAUZ IST STARK GEFÄHRDET.

ZIEGENMELKER FÜHREN EIN GEHEIMNISVOLLES LEBEN IN DER NACHT.

Ziegenmelker

Caprimulgus europaeus

Die Abenddämmerung nach einem Frühsommertag Ende Mai und eine Lichtung in einem trockenen Kiefernwald oder eine Heidelandschaft sind die wichtigen Zutaten für ein besonderes Hörerlebnis: In der Luft liegt plötzlich ein Schnurren wie *errrrrörrrrrr-errrrörrrr …*, minutenlang ohne Pause an- und abschwellend. Als Urheber wird man zunächst wohl kaum einen Vogel vermuten. Doch irgendwo sitzt der Ziegenmelker in einem Baum und wird nicht müde, stundenlang seinen eigenartigen Gesang vorzutragen. Sein merkwürdiger Name deutet schon an, dass er auch unseren Vorfahren nicht ganz geheuer war. Der ungleich sachlicher klingende Name »Nachtschwalbe« nennt zwar kennzeichnende Eigenschaften, trifft es aber auch nicht, denn mit Schwalben hat der nächtliche Sänger nichts zu tun. Auf dem Höhepunkt der Balz fliegt das Männchen mit klatschenden Flügelschlägen ab. Die Flügel werden für den peitschenähnlichen Knall entweder über dem Rücken zusammengeschlagen oder auch nach unten durchgezogen, ohne sich zu berühren. Zu sehen bekommt man den Vogel in der hereinbrechenden Dunkelheit nicht, aber auch am Tag ist es Zufall, wenn man einen Ziegenmelker entdeckt, denn sie sind Meister der Tarnung.

Ziegenmelker kennzeichnet ein schlanker Körper von 26–28 cm Länge mit einem langen Schwanz, kurzen Hals und dicken Kopf. Die Spanne der langen Flügel beträgt 54–60 cm. Das Gefieder ist kompliziert dunkel- und gelbbraun, grau und schwarz gesprenkelt, gefleckt und gestreift und löst die Gestalt des Vogels in seiner Umgebung auf. Man kann Ziegenmelker, wenn sie auf dem Boden sitzen, kaum erkennen, ebenso wenig auf einem Ast, auf dem sie sich noch dazu in Längsrichtung niederlassen. Der sitzende Vogel wird dann zu einer vermeintlich hölzernen Verdickung. Im Kopf sitzen große schwarze Augen, die beim Sitzen fast vollständig geschlossen werden, sodass ihr Glanz den Vogel nicht verrät. Der kleine Schnabel kann sich aufgrund der anschließenden tiefen Spalte zu einem großen Maul öffnen. Wie kleine Falken oder überdimensionale Schwalben gleiten Ziegenmelker elegant durch die Luft, schlagen Kurven oder halten kurz rüttelnd inne, um Nachtfalter, Käfer oder andere fliegende Insekten zu schnappen. Das Männchen trägt an den Flügelspitzen und an den äußeren Schwanzfedern weiße Flecken, die in der Dämmerung oder in Mondnächten auffallen.

Ziegenmelker brauchen magere und wasserdurchlässige Böden, die abends noch Wärme abstrahlen. Magerböden sind in unserer überdüngten Landschaft selten geworden und Ziegenmelker deshalb gefährdet. Sie legen zwei Eier auf den trockenen Boden. Ihr Winterquartier befindet sich in Afrika südlich der Sahara.

Mauersegler

Apus apus

Kurzer Hals, kräftiger Kopf und langes Hinterende formen einen stromlinienförmigen Körper, der auf langen Sichelflügeln durch die Luft schießt. An Sommerabenden eilen kleine Trupps schwarzer Vögel dicht geschlossen um die Hausdächer, sinken plötzlich fast bis auf den Erdboden hinab, um gleich darauf wieder hochzusteigen. Dabei schreien sie hoch und durchdringend *srrrieh.* Mauersegler verbringen fast ihr ganzes Leben in der Luft und fliegen mit hastigen Flügelschlägen und dazwischen eingeschobenen Gleitstrecken in hohem Tempo dahin. Zumindest außerhalb der Brutzeit schlafen sie sogar regelmäßig in der Luft. Nur wenn Eier gelegt und bebrütet werden oder Junge zu füttern sind, müssen die Altvögel landen.

Mauersegler haben eine Körperlänge von 17–18,5 cm. Aus der Entfernung wirkt ihr schiefergraues und bräunliches Gefieder einheitlich schwarz. Lediglich die Kehle ist etwas heller. Die winzigen Füße mit ihren spitzen Krallen eignen sich zum Anklammern an senkrechte Felsen und Mauern oder um vom Nest weg- und zu ihm hinzukriechen. Obwohl sie sich so ähnlich sehen, sind Segler nicht mit Schwalben verwandt.

Mauersegler jagen über den verschiedensten Landschaften nach fliegenden Insekten und schwebenden Kleintieren. Die kleinen Schnäbel öffnen sich über einen großen Schnabelspalt zu einem weiten Schlund. Auch das Baumaterial für das schalenförmige Nest, das in Gebäuden unter Dächern, Giebeln, Jalousiekästen oder in Entlüftungsschächten angelegt wird, holen sich die Segler als schwebende Teilchen in der Luft, die sie dann mit ihrem Speichel verkleben.

Als Brutvögel sind Mauersegler ausgesprochene Stadtbewohner geworden, nur manchmal brüten sie in Baumhöhlen. Durch die moderne Bauweise und Gebäudesanierung verschwinden allerdings immer mehr Nistplätze. Viele Bruten kommen auch durch Baumaßnahmen im Sommer um. Mit Spezialnistkästen an Häusern unter der Dachtraufe kann man Mauersegler aber erfolgreich ansiedeln. Etwa zehntausend Insekten werden von einem Mauerseglerpaar pro Tag erbeutet und als kleine Pakete im Kehlsack zu den Jungen getragen. Bei länger anhaltenden Regenperioden müssen Hunderte von Kilometern geflogen werden, um die Tagesration einer Seglerfamilie zu beschaffen. Die Vögel weichen dann oft auf Jagdgebiete über Gewässern aus. In solch schwierigen Zeiten fallen die Nestlinge in eine vorübergehende Starre, in der die Körpertemperatur absinkt und daher Energie gespart wird, bis die Eltern wieder mit Futter zurückkommen. Dieser Zustand kann bis zu zwei Wochen andauern. Nur von Ende April bis August/September sind Mauersegler bei uns.

MAUERSEGLER JAGEN PFEILSCHNELL ÜBER DIE HÄUSER DER STADT.

EIN FLIEGENDER EDELSTEIN AUF DER JAGD: DER EISVOGEL

Eisvogel

Alcedo atthis

Als der am prächtigsten gefärbte Vogel unserer Tierwelt gilt der Eisvogel. Aber viele Menschen haben noch nie einen gesehen, und beim ersten Mal sind sie dann oft enttäuscht, dass er so klein ist. Der Vogel ist jedoch gar nicht so selten, wie oft behauptet wird, aber trotz seines leuchtenden Gefieders schwer zu entdecken, wenn er etwa bewegungslos auf einem Ast über dem Wasser sitzt. Im Gegenlicht werden seine bunten Farben unscheinbar, da die Reflexe des Sonnenlichts auf dem Wasser oder im Laub alles, was im Schatten sitzt, verschwinden lassen. Oft ist es nur ein kurzes, aber durchdringendes *zii,* das die Anwesenheit des Eisvogels verrät und bei Erregung auch mehrmals wiederholt wird. Wenn man Glück hat, sieht man nach diesem unverwechselbaren Signal den fliegenden Edelstein mit schwirrenden Flügelschlägen niedrig über dem Wasser geradlinig davonstieben. Im Flug kommt der leuchtend azurblaue Rücken voll zur Geltung.

Eisvögel sind klein, gedrungen, haben einen großen Kopf und kurze Beine. Sie sind kaum größer als ein Haussperling. Allein 4 cm ihres 17–19,5 cm langen Körpers fallen auf den auffallend langen Dolchschnabel. Oberkopf, Nacken und ein breiter Bartstreif schillern je nach Lichteinfall grünblau oder fast grün, Rücken und Schwanz kobalt- oder azurblau. Die Kehle und ein Nackenfleck sind weiß, die Unterseite und die Wangen orangerot. Männchen und Weibchen sehen gleich aus, die Männchen tragen allerdings einen schwarzen Schnabel, bei den Weibchen ist die Basis des Unterschnabels rot.

Eisvögel verteidigen ihre kilometerlangen Reviere entlang von Flüssen und Bächen mitunter sehr nachdrücklich. Man sieht also selten mehrere beisammen. Kleine Fische bilden die wichtigste Nahrung. Wird ein Fisch vom Ansitz aus oder während eines kurzen Rüttelflugs entdeckt, fliegt der Vogel steil ins Wasser, taucht oft einige Sekunden unter und kehrt dann mit dem Fisch im Schnabel auf einen Sitzplatz zurück, um die Beute mit dem Kopf voran zu verschlucken. Eisvogelnester liegen am Ende einer 50–90 cm langen Röhre, die Männchen und Weibchen in das Steilufer eines Flusses graben. Durch das Angebot von speziell konstruierten Eisvogelwänden konnte man sie dabei gelegentlich unterstützen.

Eisvögel leben vor allem an langsam fließenden Bächen, Flüssen oder Kanälen. Außerhalb der Brutzeit suchen sie auch Seen und Teiche auf und wagen sich sogar mitten in die Stadt. Sie sind bei uns zwar weit verbreitet, doch kommen sie nirgends häufig vor. Kalte Winter, in denen Flüsse und Seeufer lange vereist sind, verursachen oft starke Bestandseinbrüche, die manchmal erst nach Jahren wieder ausgeglichen werden können.

Schwarzspecht

Dryocopus martius

Bei einem krähengroßen schwarzen Vogel, der im schattigen Altholzbestand eines Waldes oder einer großen Parkanlage etwas flatternd, aber geradlinig schnell zwischen den Bäumen fliegt, kann es sich eigentlich nur um einen Schwarzspecht handeln. Der weithin hörbare voll klingende Flugruf *krrü-krrü-krrü* verrät den Vogel, auch wenn man ihn nicht sehen kann. Mit gedehntem *klieeh* machen Schwarzspechte Artgenossen und naturkundige Waldspaziergänger auf ihren Standort im Revier aufmerksam. In der Brutzeit singen Männchen und Weibchen. Sie beginnen zögernd und steigern dann das Tempo. Es klingt wie *kwoi-kwih-kwi-kwikwikwikwik*, die einzelnen Silben bleiben aber im Unterschied zum Grünspecht auf einer Tonhöhe. Spechte äußern sich auch durch Instrumentallaute. Ihre Trommelwirbel haben nichts mit der Nahrungssuche zu tun, sondern sind Signale für Revierbesitz. Besondere Anpassungen im Schädelskelett sorgen dafür, dass Gehirnerschütterungen dabei ausbleiben. Die Wirbel der Schwarzspechte sind lang und laut, Weibchen trommeln weniger häufig. Die Jungen in der Höhle melden sich mit rhythmischem Keckern.

Mit einer Körperlänge von 40–46 cm und einer Flügelspannweite von 67–73 cm ist der Schwarzspecht der größte europäische Specht. Aus dem rundum schwarzen Gefieder blitzt ein weißes Auge, der mächtige Schnabel ist gelblich weiß. Die Männchen tragen eine rote Scheitelplatte, bei den Weibchen ist nur ein Fleck auf dem Hinterkopf rot.

Schwarzspechte brauchen hochstämmige alte Bäume, um ihre Brut- und Schlafhöhlen zu errichten. Da kündigen sich im modernen Wirtschaftswald Probleme an, denn die für den Schwarzspecht besonders gut geeigneten Bäume haben das optimale Alter für die Holzwirtschaft bereits überschritten. Waldbäume werden also schon früher geschlagen, um rentabel zu sein. Ihre Höhlen zimmern die Spechte in Bäume mit mehr als 35 cm Stammdurchmesser, bei uns vor allem in Buchen, seltener auch in Kiefern, Fichten und verschiedene Laubbäume. Teilweise baut ein Paar mehr als 20 Tage an einer Buchenhöhle, über zehntausend bis zu 11 cm lange Späne müssen hierfür abgeschlagen werden. Da ist es sinnvoll, alte Höhlen zu säubern und erneut als Brut- und Schlafplätze zu benutzen. Für Schwarzspechthöhlen interessieren sich auch viele Nachmieter, wie Dohlen, Hohltauben, Eulen oder Baummarder. Ameisen in allen Stadien von der Larve bis zum Vollinsekt sowie Holz bewohnende Larven von Käfern bilden neben vielen anderen Insekten und Kleintieren die Nahrungsgrundlage. An rotfaulen Fichten kann man die Spuren nahrungssuchender Schwarzspechte in Form von übereinanderliegenden Serien rechteckiger Löcher oder Schlitze entdecken.

EIN SCHWARZSPECHTMÄNNCHEN (LINKS) UND -WEIBCHEN (RECHTS)

GRÜNSPECHTE VERRATEN SICH IM FRÜHJAHR DURCH IHREN LACHENDEN GESANG.

JUNGVOGEL

Grünspecht

Picus viridis

Das »Lachen« des Grünspechts schallt an einem Frühlingsmorgen durch die Bäume. Es ist eine Reihe von 10 bis 18 *klüh*-Lauten, ähnlich wie *klüh-klüh-klüh-klüh-klüh-klüh-klüh* …, jeder Einzelne von ihnen in der Tonhöhe etwas abfallend, gegen Ende etwas schneller und leise ausklingend vorgetragen. Im Unterschied zum Grauspecht nimmt die Tonhöhe der ganzen Reihe nicht oder nur kaum ab. In einer Flugbahn mit tiefen Wellen fliegt das Männchen durch sein Revier. Im Flug rufen Grünspechte oft auch explosiv *kjiäk**kjiäk***. Sonst ist das Jahr über nicht viel von ihnen zu hören. Sie trommeln nur selten mit schnellen Schnabelschlägen gegen einen Ast, lange nicht so häufig wie etwa Buntspechte. Dafür sieht man sie oft auf dem Boden, gelegentlich auch auf dem Gartenrasen. Dort hüpfen sie in ansehnlichen Sprüngen von über 20 cm Länge umher, krümmen sich gegen den Boden, um Nahrung aufzunehmen, und richten sich dann plötzlich auf, wenn sie gestört werden. Bei Gefahr verharren sie wie eingefroren in dieser Haltung, den kräftigen Dolchschnabel himmelwärts gerichtet. Unbeweglich und grün gefärbt sind sie auf der Wiese gut getarnt.

Mit 30–36 cm Körperlänge und einer Flügelspannweite von 40–42 cm zählt der Grünspecht zu unseren größeren Spechten. Rücken und Flügel sind gelblich grün, Kehle und Bauch hellbeige. Der gelbe Bürzel kann beim Abflug in der Sonne leuchten. Die helle Regenbogenhaut im Auge hebt sich scharf von der schwarzen Augenmaske ab. Die Männchen tragen einen roten Bartstreif, der schwarz eingefasst ist, die Weibchen einen einheitlich schwarzen. Jungvögel sind am Kopf und auf der Unterseite kräftig dunkel, auf der Oberseite und auf dem Oberkopf feiner weißlich gefleckt.

Grünspechte brüten bei uns weit verbreitet in den Laub- und Mischwäldern des Tieflands, im Gebirge meist nur in den unteren Waldstufen. Man findet sie auch in kleineren Gehölzen, in Parks und in Gärten, seltener in reinen Nadelwäldern. Offenes Land, zumindest größere Lichtungen, sind für sie wichtig, da sie ihre Nahrung – hauptsächlich Ameisen – am Boden suchen. Hier hacken sie kleine Löcher in die Erde, suchen allerdings ebenso an Zweigen, in Ritzen und anderswo nach Insekten, Regenwürmern, Schnecken und anderen Kleintieren. Sie ernähren sich darüber hinaus auch von Obst. Die Brut- und Schlafhöhlen finden sich in Laubbäumen. Oft werden alte Höhlen bezogen, die nicht neu ausgehackt werden müssen. Für die etwas mühselige Neuanlage gibt es einen Trick: Der Stamm wird angehackt, und erst wenn später die Hackstelle etwas ausgefault ist, wird der Anfang zur Bruthöhle ausgebaut.

Grauspecht

Picus canus

Grauspechte sind auf den ersten Blick die Doppelgänger der Grünspechte, kommen meist aber deutlich seltener vor. Ihr Gesang im Frühjahr hat in Form und Aufbau Ähnlichkeit mit dem der Grünspechte, klingt aber anders. Die Strophe besteht aus sechs bis neun Pfeiflauten, die in der Tonhöhe abfallen, nach den ersten drei Anfangstönen etwas langsamer werden und sich am Ende verzögern, wie *djü-djü-djü djü djü djü djü*. Grauspechte lachen nicht wie Grünspechte, sondern singen etwas wehmütig, fast klagend. Ihre klangvolle Strophe ist leicht nachzupfeifen und regt auch den einen oder anderen Menschen dazu an, sodass man in einem Park nicht immer sicher sein kann, ob man wirklich einen Grauspecht oder nur einen fröhlichen Pfeifer gehört hat. Grauspechte trommeln häufiger als Grünspechte, sind aber außerhalb der Sangeszeit weniger ruffreudig. Daher sind sie von Spätsommer bis Winter schwer zu entdecken.

Mit einer Körperlänge von 27–32 cm und einer Flügelspannweite von 38–40 cm sind Grauspechte nur geringfügig kleiner als Grünspechte, die Unterschiede lassen sich bei Beobachtungen im Freien aber nicht erkennen. Immerhin vermitteln der kleinere Kopf und kürzere Schnabel einen Größenunterschied. Grauspechte wirken mit ihrem Gesicht weniger bedrohlich. Dafür sorgen auch der schmalere schwarze Backenstreif und das dunklere Auge. Der Kopf beider Geschlechter ist einheitlich grau. Das Rot ist beim Männchen auf die Stirn beschränkt, und Weibchen tragen überhaupt kein Rot. Der Rücken wirkt weniger gelblich als beim Grünspecht. Man muss also schon genauer hinsehen, welchen der beiden grünen Spechte man vor sich hat.

Grauspechte leben in reich gegliederten Landschaften mit offenen Flächen und nicht zu dichten Laub- und Mischwäldern. Buchen-Eichen-Wälder, Auwälder oder alte Obstbaumbestände sind bei ihnen besonders beliebt, aber sie brüten auch in großen Parkanlagen mit alten Bäumen. Doch viele solcher Lebensräume verschwinden und werden teilweise durch Intensivkulturen oder einheitliche Waldstrukturen ersetzt. Das bedeutet für den Grauspecht Lebensraumverlust. Sein Brutbestand ist in unserem Raum sehr gefährdet. In der Nahrung spielen wie beim Grünspecht Ameisen eine wichtige Rolle, aber auch in kleinen Mengen andere Insekten, die vor allem durch Stochern und nicht durch Aufklopfen von Holz aufgespürt werden. Beeren und Obst werden nicht verschmäht, und im Winter kommen Grauspechte auch an das Fettfuttergemisch am Futterhaus. Beim Höhlenbau sind sie zwar auf Schwachstellen in Bäumen angewiesen, sie bauen aber häufiger als Grünspechte eine neue Höhle zur Brut.

DER GESANG DES GRAUSPECHTS LÄSST SICH LEICHT NACHPFEIFEN.

UNSER HÄUFIGSTER SPECHT IST DER BUNTSPECHT.

Buntspecht

Dendrocopos major

An einem Frühlingstag geben Buntspechtmännchen und -weibchen ihre Anwesenheit durch einen kurzen schnellen Trommelwirbel kund. Sein Klang ist verschieden, denn es kommt auf die Unterlage an, auf die der Schnabel im schnellen Wirbel schlägt. Oft wählen die Spechte einen trockenen Ast oder ein ausgehöhltes Stammstück mit beachtlicher Resonanzwirkung, sodass der Wirbel tief und überraschend laut klingt. Gute Resonanz haben auch Dachbalken, Blechdächer oder Metallmasten. Es gibt daher ausgesprochene Blechtrommler unter den Buntspechten. Elastische Teile im Schädelskelett und den Schädel- und Halsmuskeln, die sich ganz kurz vor dem Aufprall des Schnabels kontrahieren, wirken als Stoßdämpfer. Der weittragende Trommelwirbel ist nicht einmal eine Sekunde lang und endet abrupt. Hat man etwas Geduld, kommt der Trommler vielleicht im Schraubengang um den Stamm herum und lässt ein scharfes *kix* hören, den typischen Ruf, der die Anwesenheit von Buntspechten das ganze Jahr über verrät. Erregte Buntspechte rufen *kreck* – wenn es Ärger gibt, auch in raschen Folgen hintereinander. Einen Gesang haben sie nicht. Aus der Höhle kann man die Jungen mit *wiwiwiwi* betteln hören.

Der schwarz-weiße Specht hat mit einer Körperlänge von 23–26 cm und einer Flügelspannweite von 38–44 cm ungefähr die Größe einer Amsel. Zwei große ovale weiße Schulterflecke und mehrere weiße Querbänder auf den Flügeln unterbrechen die schwarze Oberseite. Ein schwarzer Bartstreif zieht sich nach hinten um das Gesicht und mündet in den schwarzen Nacken. Kehle und Bauch sind weiß, Unterschwanzdecken und Steiß leuchten rot. Das Männchen trägt auch im Nacken einen roten Fleck, der dem Weibchen fehlt. Bei den flüggen Jungen ist der Scheitel rot. Buntspechte fliegen in hohen Wellenbahnen, denn sie lassen sich nach dem raschen Vortrieb ihrer Flügelschläge mit angelegten Flügeln ein Stück tragen.

Buntspechte ernähren sich vielseitig: im Sommer vor allem von Insekten und deren Larven, im Winter von den Samen der Nadelbäume. In der kalten Jahreszeit kommen sie auch ans Futterhaus. Manchmal erbeuten sie Eier und Jungvögel und hacken Nistkästen auf. Außerdem klemmen sie häufig Nadelbaumzapfen in eine passende Ritze, um sie dann aufzuhacken und zu den Samen zu gelangen. Eine solche »Spechtschmiede« kann man an den vielen Zapfenschuppen erkennen, die am Boden liegen. Man begegnet ihnen fast überall, wo Bäume stehen, in denen Buntspechte ihre Höhlen zimmern können. Buntspechte sind die mit Abstand häufigsten Spechte bei uns und brüten sogar in Gärten. Sie benutzen ausgefaulte Asthöhlen, bauen ihre Bruthöhlen aber in kranken Bäumen und Weichhölzern auch selbst.

DER MITTELSPECHT LIEBT ALTE EICHENWÄLDER.

Mittelspecht

Dendrocopos medius

Nicht so hart wie der Buntspecht, leise und viel seltener ruft der etwas kleinere Mittelspecht *güg*. Er trommelt auch kaum, hat dafür aber einen Reviergesang, der dem Buntspecht fehlt. In langsamem Tempo quäken Mittelspechte wie *gwäk gwäk gwäk*, meist vier- bis fünfmal hintereinander. Wenn Mittelspechte erregt sind, lassen sie kurze ***kick****gegegegeg* in rascher Folge hören, der erste Ton meist etwas höher als die folgenden.

Die Körperlänge des Mittelspechts beträgt 19,5–22 cm, die Flügel spannen 33–34 cm. Unterschiede zum größeren Buntspecht sind also erkennbar. Verstärkt wird der Eindruck eines kleinen Spechts durch den relativ kleinen Kopf und den deutlich schmächtigeren Schnabel. Auf der schwarzen Oberseite gleicht das Muster der weißen Markierungen einschließlich des großen weißen Schulterflecks dem des Buntspechts. Beide Geschlechter des Mittelspechts tragen einen roten Scheitel. Der schwarze Bartstreif im weißen Gesicht reicht nicht bis in den Nacken. Der rosafarbene Steiß geht ohne scharfe Abgrenzung in die gelblich weiße Unterseite über, die vor allem an den Flanken dunkel gestrichelt ist.

Mittelspechte leben im Tiefland und sind dort insbesondere in Wäldern mit alten Bäumen zu finden, die eine grobe Borke haben und Störstellen aufweisen. Eichenwälder, alte Hartholzauen und artenreiche Laubmischwälder mit Totholzanteilen sind ihr Lebensraum. Sie können in wintermilden Gebieten ihres Vorkommens auch in Parks und Gärten einwandern. Ihre Nahrung besteht größtenteils aus Insekten und Kleintieren, im Herbst und Winter auch aus Früchten und weit seltener als beim Buntspecht aus Nadelbaumsamen. Mittelspechte sind eher Suchspechte und hacken weniger häufig.

KLEINSPECHTE KOMMEN OFT IN DEN OBSTGARTEN.

Kleinspecht

Dryobates minor

Wie der Name bereits sagt, ist der Kleinspecht mit Abstand der kleinste Specht in Europa. Er klettert meist an dünnen Ästen hoch oben in den Kronen großer Bäume, im Garten auf der Unterseite von waagerechten Zweigen eines Obstbaums und sogar in Büschen, an Stauden oder im Schilf. Kleinspechte singen hoch und schnell *kikikikiki.* Einzelne Rufe wie *kik* erinnern an den Buntspecht, sind aber viel schwächer und selten zu hören. Männchen und Weibchen trommeln auch mit raschen Schlägen.

Die Körperlänge misst 14–16,5 cm, die Flügel spannen 24–29 cm. Auf der schwarzen Oberseite ziehen sich viele weiße Querbänder über Rücken und Flügel. Der schwarze Bartstreif in dem weißgelblichen Gesicht reicht bei Weitem nicht bis in den Nacken. Die Unterseite des Gefieders ist weiß und sowohl an den Flanken als auch auf den Unterschwanzdecken mit feinen schwarzen Strichen besetzt. Das Weibchen hat überhaupt kein Rot im Gefieder, das Männchen trägt einen roten Scheitel, der an den Seiten schmal und hinten breit schwarz eingefasst ist.

Auch die zierlichen Kleinspechte zimmern sich ihre Bruthöhlen selbst. Dazu benötigen sie allerdings totes oder morsches Holz. Mitunter bauen sie ihre Höhle auch in das weiche Holz eines Seitenastes. Eigentlich sind Kleinspechte gar keine Waldvögel, sondern leben vor allem in lichten Baumbeständen, kleineren Gehölzen, Weichholzauen, Parks oder Obstgärten. Der Durchmesser des Höhleneingangs ist selten größer als 3 cm. Im Sommer lesen Kleinspechte Insekten und andere Kleintiere von Blättern und Zweigen ab, im Winter suchen sie überwinternde Insekten und Larven unter der Rinde. Sie kommen aber auch ans Futterhaus und nehmen Sonnenblumenkerne.

Wendehals

Jynx torquilla

Wenn der Frühling die ersten warmen Tage bringt, kann man aus Baumgruppen einen merkwürdig gedämpft klingenden Gesang in einförmiger Tonfolge vernehmen: ein etwas hastig, oft auch im Duett vorgetragenes *gjägjägjägjä* … Der Urheber ist ein schwer zu entdeckender kleiner Vogel, dem man den Specht wohl kaum ansieht. Der Wendehals zählt zwar zur Familie der Spechte, wird aber einer eigenen Unterfamilie zugeordnet. Sein Typ ist weltweit nahezu einmalig, denn es gibt nur noch in Afrika eine sehr ähnliche Art.

Mit einer Körperlänge von 16–18 cm hat der Wendehals die Größe eines normalen Singvogels. Er ist zwar geringfügig länger als ein Kleinspecht, doch ausgesprochen schlank. Wieder einmal wird ein hervorragendes Tarnkleid vorgeführt: Die Oberseite ist braun, grau, schwarz und weiß marmoriert, Kehle und Brust sind gelblich und werden von feinen dunklen Bändern geziert. Sowohl durch das Auge als auch vertikal an den Halsseiten und entlang des Scheitels bis zur Rückenmitte verläuft je ein dunkelbrauner Streifen, der die Form von Kopf und Hals gegen die Baumrinde zusätzlich auflöst. Der helle Bauch ist an den Seiten dunkel gepunktet, der recht lange Schwanz dunkel quer gebändert. Männchen und Weibchen haben die gleiche Färbung.

Es gibt große Unterschiede zu den übrigen Spechten: Wendehälse klettern nicht am Stamm, sondern hüpfen auf Ästen und auf dem Boden. Sie sitzen wie »normale« Singvögel auf einem waagerechten Ast und bauen keine Höhle, sondern legen ihre Eier in fertige Spechthöhlen, ausgefaulte Astlöcher und in Nistkästen. Außerdem zählen sie zu den Zugvögeln, die vor allem in West- und Zentralafrika überwintern. Der merkwürdige Name des Vogels kommt von einem auffälligen Kopfdrehen mit schlangenartigen Bewegungen des Halses in stereotypen Wiederholungen, wenn man einen Vogel in der Hand hält.

Während sie sich bei uns aufhalten, fressen Wendehälse hauptsächlich Ameisen und füttern auch ihre Jungen damit. Das brachte große Probleme mit sich, denn Häufigkeit und Erreichbarkeit von Ameisen haben mit der Überdüngung und Ausräumung der Landschaft bedrohlich abgenommen. In der Folge kam es zum Bestandseinbruch beim Wendehals. Dieser konnte auch durch das Aufhängen von Nistkästen, die der Vogel ohne Probleme als Bruthöhlen annimmt, nicht aufgehalten werden. Heute gilt die Art bei uns als stark gefährdet. Wie wichtig die Struktur der Landschaft für das Überleben des Wendehalses ist, unterstreicht die Tatsache, dass der Vogel in Gebieten mit aufgelassenen Tagebaulandschaften und Truppenübungsplätzen – also nicht gedüngten Magerstandorten mit wenig Vegetation und vielen Ameisen – gut überleben kann.

DASS DER WENDEHALS EIN SPECHT IST, SIEHT MAN IHM NICHT AN.

DER GESANG DER FELDLERCHE IST AN VIELEN ORTEN SCHON VERSTUMMT.

Feldlerche

Alauda arvensis

Neben der Nachtigall nimmt kaum ein anderer Singvogel einen so gewichtigen Platz in der Lyrik ein wie die Feldlerche. Das Männchen singt den ganzen Tag lang, manchmal von einer Singwarte aus, meist aber im Singflug, bei dem es bis in über hundert Meter Höhe aufsteigt. Sein sprudelnder Gesang kann ohne größere Pause bis zu 15 Minuten andauern. Nebenbei zu fliegen erfordert eine besondere Leistung der Atemtechnik. Triller, Stakkatofolgen, Pfiffe, lang gezogene Töne, Glissandi und Nachahmungen anderer Vogelstimmen folgen aufeinander, werden wiederholt oder neu kombiniert – und das alles in fast atemberaubendem Tempo. Bei einer Annäherung fliegen Feldlerchen für gewöhnlich erst im letzten Moment davon, meist niedrig über dem Boden bis zur nächsten Deckung. Im Flug rufen sie etwas guttural *trrrli*, mit weichen *trieh* halten sie Stimmfühlung.

Mit 16–18 cm Körperlänge ist die Feldlerche ein stattlicher Singvogel, der allerdings mit graubrauner und dunkel gestrichelter Oberseite optisch wenig auffällt. Die helle Brust trägt dunkle Streifen, der Bauch ist reinweiß. Während des Flugs fallen weiße äußere Schwanzfedern und ein weiß abgesetzter hinterer Rand an dem fast dreieckigen Flügel auf.

Feldlerchen halten sich gerne in offenem Land auf, das bei uns heute hauptsächlich Agrarland ist. Größere Flächen mit karger Vegetation, die während der Brutzeit nicht bearbeitet wird, gibt es allerdings kaum noch. Deshalb muss der einstige Steppenvogel mit rasch wachsenden Getreide- und Grünflächen auskommen, die seine Fortbewegung am Boden behindern und zudem auch wenig Nahrung bieten. Mit »Lerchenfenstern« in Getreidefeldern versucht man der Feldlerche zu helfen. Dennoch ist der Vogel heute gefährdet.

DIE HAUBENLERCHE IST EIN BESCHEIDENER VOGEL, DER VOM AUSSTERBEN BEDROHT IST.

Haubenlerche

Galerida cristata

Dort, wo man eigentlich keine Vögel vermutet – auf Ödflächen, Industriebrachen, Verkehrsanlagen oder Bauland –, fliegt plötzlich ein unscheinbar graubrauner Vogel vor einem anfahrenden Auto auf. Zwei bis vier etwas wehmütig klingende Pfeiftöne wie *triili **püü*** oder *trittrit **triie*** verraten die Haubenlerche. Als Flugruf hört man weiche und sich oft wiederholende *dwuih*. Der volle Gesang wird nach Lerchenart meist im Singflug vorgetragen, er ist kräftig und langsamer als das Tirilieren der Feldlerche. Pfeifende und flötende Töne kommen darin vor, aber auch Triller und perlende Laute. Schon lange sind Haubenlerchen dafür bekannt, dass sie nicht nur andere Vogellaute nachahmen können, sondern auch menschliche Pfiffe, die etwa dem Hund gelten. Nach geraumer Zeit erinnern sich die Vögel sogar besser an Tonhöhe und Rhythmus als die Hundebesitzer.

Mit 17–19 cm Körperlänge sind Haubenlerchen etwa so groß wie Feldlerchen. Die lange spitze Federhaube auf dem Kopf ist auch angelegt gut sichtbar. Die Gesamtfärbung der Oberseite ist graubraun, die weiße Unterseite auf der Brust kräftig gestrichelt. Im Abflug ist kein Weiß am Flügel zu sehen, die äußeren Schwanzfedern sind gelblich braun.

Noch vor gut hundert Jahren hat die Haubenlerche als Steppenvogel davon profitiert, dass vor allem in Städten und Industrieanlagen, aber auch durch die traditionelle Landwirtschaft Brachflächen entstanden sind, die neue Lebensräume anboten. Heute ist der Vogel bei uns vom Aussterben bedroht, denn Bauland ist kostbar, und Freiflächen bleiben nicht lange ungenutzt. Auch in der Agrarlandschaft gibt es kaum noch Brachflächen. Haubenlerchen sind keine Zugvögel, und schneereiche Winter können die kleinen Restbestände zusätzlich dezimieren.

EIN SÄNGER MIT STIMMUNGSVOLLEM LIED: DIE HEIDELERCHE

Heidelerche

Lullula arborea

Melodisch perlt eine Tonreihe vom Himmel wie *lülülülü...* und dann im Rhythmus etwas abgewandelt *dilidl dilidl dilidl...*, jede der Strophen folgt erst nach einer längeren Pause. Das stimmungsvolle Lied der Heidelerche, das auch der lateinische Gattungsname *Lullula* aufgreift, klingt etwas wehmütig und passt wundervoll zur Atmosphäre der einsetzenden Abenddämmerung auf einer einsamen Waldlichtung oder Wacholderheide. Der Sänger sitzt entweder auf der Spitze eines Baumes, oder er steigt schräg auf und beginnt dann erst im wellenförmigen Singflug mit seiner Strophe. Auch in Mondnächten singen Heidelerchen. Melodische *didlui* sind häufig als Flugrufe zu hören.

Mit 15 cm Körperlänge ist die kompakt anmutende Heidelerche geringfügig kürzer als eine Feldlerche. Sie hat kürzere Flügel und einen sehr kurzen Schwanz, was auch in ihrem Flugbild auf den ersten Blick auffällt. Mit der braun gefärbten und dunkel gezeichneten Oberseite ähnelt sie einer Feldlerche. Ein deutlicher weißer bis cremefarbener Überaugenstreif, der im Nacken mit dem Streifen der anderen Seite fast zusammenläuft, charakterisiert die Heidelerche ebenso wie das schwarz-weiße Muster am Unterrand des zusammengelegten Flügels. Der Flug ist ausgesprochen wellenförmig.

Lebensraum der Heidelerche sind weder ganz offene Landschaften noch der geschlossene Wald. Wasserdurchlässige Böden mit wenig Vegetation, aber mit einigen Büschen und locker stehenden Bäumen, die eine Sonneneinstrahlung bis auf den Boden zulassen, sind die perfekte Kombination für sie. Bei uns bieten Windwurfflächen und Kahlschläge im Wald, Heiden, Truppenübungsplätze, magere Wiesen und Weiden solche günstigen Bedingungen.

UFERSCHWALBEN BRÜTEN IN SELBST GEGRABENEN SANDRÖHREN.

Uferschwalbe

Riparia riparia

Wenn eine Wolke kleiner brauner Vögel aus einer steilen sandigen Wand herauszukommen scheint, dann haben Uferschwalben nach ihrer Rückkehr aus Afrika wieder ihre Brutkolonie bezogen. Kommt man näher, hört man ein raues *tschrrrd* der kleinen Verwandten von Rauch- und Mehlschwalbe, die eifrig dabei sind, ihre Brutröhren in die Sandbank zu graben oder die alten vom Vorjahr wieder zu beziehen. Ihr Gesang ist ein kurzes Schwätzen aus Silben, die den rauen Rufen ähneln. Droht Gefahr, warnen Uferschwalben mit hohem *zier*, das viel raschelnder klingt als die normalen Kontaktrufe.

Mit 12–13 cm Körperlänge sind Uferschwalben deutlich kleiner als Mehl- und Rauchschwalben. Ihre Gefiederoberseite ist graubraun, und über die Brust läuft ein breites graubraunes Band, das die weiße Kehle von dem weißen Bauch trennt. Der Schwanz ist nur wenig tief, aber deutlich erkennbar gegabelt. Rasant flitzen die Vögel mit etwas zuckenden, nach hinten schlagenden Flügeln im Zickzackkurs und mit abrupten Wendungen durch die Luft. Sie wirken während ihrer Jagd auf fliegende Insekten schmaler als Mehlschwalben. Dabei fliegen sie oft über Seen und Flüsse und lassen sich manchmal über Städten, aber so gut wie nie im Gebirge sehen. Vor allem in der Nähe ihrer Brutkolonie sitzen sie oft in Scharen auf einer Leitung.

Uferschwalben sind als Brutvögel von senkrechten oder sehr steilen Sandwänden abhängig, in die sie ihre Bruthöhlen graben können. Die Brutröhren sind 50–100 cm lang, und an ihrem Ende sind in einer kleinen Kammer die Nester aus Gras und Federn untergebracht. Dauerhafte Sandabbrüche sind selten. Versuche, Uferschwalben in künstlichen Röhrenwänden anzusiedeln, hatten bereits Erfolg.

LUFTAKROBATIK: EINE RAUCHSCHWALBE FÜTTERT EINEN FLÜGGEN JUNGVOGEL.

DIE RAUCHSCHWALBE HAT EINE ROSTROTE KEHLE UND LANGE SCHWANZSPIESSE.

Rauchschwalbe

Hirundo rustica

Als Frühlingsboten jagen die ersten Rauchschwalben mit ein- oder zweisilbigen hohen *witt*-Rufen und kräftigen Schlägen ihrer schlanken Flügel über den Feldern hinter fliegenden Insekten her. Wenn sie auf einem Leitungsdraht singen, hört man ein helles Zwitschern, oft von kratzenden Tönen unterbrochen. Die Strophe endet mit einem Schnurrer. Es klingt fast wie bei Wellensittichen, wenn ein Paar am Brutplatz miteinander schwätzt.

Mit 19–22 cm Körperlänge, von denen allerdings 3–6 cm auf die langen Schwanzspieße fallen, ist die Rauchschwalbe die größte unter den drei häufigsten Schwalbenarten. Mit ihrem langen schlanken Körper und den verlängerten äußersten Schwanzfedern, die bei den Männchen am längsten sind, ist sie leicht von anderen Schwalben zu unterscheiden. In günstigem Licht kann man den metallischen Glanz auf den dunkelblauen Rückenfedern sehen. Die Unterseite ist rein- bis cremeweiß. Über einem blauschwarzen Brustband sind Kehle, Kinn und Stirn dunkelrot. Im Flug ist das Rot aber kaum zu erkennen, Kehle und Kopf wirken hierbei einheitlich dunkel.

Rauchschwalben sind mit der Landwirtschaft und dem Dorf eng verbunden und daher von der modernen Entwicklung negativ betroffen. Die klassischen Standorte für den Nestnapf, der mit Speichel aus Schlamm und Halmen zusammengeklebt wird, sind Viehställe, alte Scheunen, Hausgänge oder Nebenräume in Bauernhöfen. Solche Räume stehen ihnen heute immer seltener offen. Auch unter Brücken, Kanaldurchlässen und an anderen Stellen mit Dachvorsprüngen versuchen die Vögel, ihr Nest zu bauen. Das Winterquartier unserer Rauchschwalben liegt südlich der Sahara und reicht bis Südafrika.

MEHLSCHWALBEN MIT REINWEISSER UNTERSEITE UND AUSGESCHNITTENEM SCHWANZENDE

Mehlschwalbe

Delichon urbicum

Mehlschwalben fliegen ihre Nester mit trocken zwitschernden *tschrrit* oder *pritt* an. Die Rufe sind nicht so rau wie bei Uferschwalben. Der Gesang der fast immer gesellig lebenden Schwalben ist ein hastiges Schwätzen mit schnarrenden und trillernden Abschnitten, aber ohne den lustigen Roller der Rauchschwalben. Bei Gefahr warnt ein hohes *zier*.

Mehlschwalben wirken rundlicher und kompakter als Rauchschwalben und sind mit 13,5 – 15 cm Körperlänge auch deutlich kleiner. Sie haben einen kurzen, nur mäßig gegabelten Schwanz. Wenn man sie von oben oder bei einer Wendung in der Luft betrachtet, ist der scharf abgesetzte weiße Bürzel ein weithin sichtbares Kennzeichen. Die Oberseite des Gefieders ist blauschwarz mit einem leichten Metallglanz, die Unterseite einheitlich weiß. Jungvögeln fehlt der metallische Glanz. Die Beine sind bis auf die Zehen dicht mit weißen Federn besetzt. Mehlschwalben fliegen meist mit einer Reihe von raschen Flügelschlägen und lassen sich dann ein längeres Stück gleiten. Anders als Rauchschwalben können sie auf ihren etwas breiteren Flügeln auch elegant um Kurven gleiten.

Wie Rauchschwalben haben sich auch Mehlschwalben mit ihren Brutplätzen eng an den Menschen angeschlossen. Sie bauen ihre kugelförmigen Nester aus sorgfältig aufeinandergesetzten Lehm- oder Schlammklümpchen an die Außenwand von Gebäuden, meist unter der Dachtraufe. Häufig stehen zahlreiche Nester in einer Reihe nebeneinander. Man kann den Vögeln zuschauen, wenn sie an einer Pfütze in kleinen Portionen Schlamm sammeln. In versiegelter Umgebung gehen den Schwalben allerdings oft die Baumaterialien aus. Das künstliche Anlegen kleiner Schwalbenpfützen könnte da Abhilfe schaffen.

BERGPIEPER HALTEN SICH IM SOMMER AUF WIESEN IN HOHEN BERGEN UND IM WINTER AN FLÜSSEN IM TIEFLAND AUF.

Bergpieper

Anthus spinoletta

Im Bergfrühling, wenn im Tal bereits Sommer herrscht, hört man über den Matten oberhalb der Baumgrenze oder über den Weideflächen der Almen auch in etwas geringerer Meereshöhe einen feinen, anfänglich etwas stotternden Gesang, der mit dünner Stimme vorgetragen wird. Der Sänger singt im Ruderflug mit flachen Flügelschlägen, lässt sich dann im Gleitflug in einem weiten Bogen langsam herab und beendet seinen Gesang, wenn ihn der Boden schon verschluckt hat. Das Lied des Bergpiepers ist ziemlich lang und schwer zu beschreiben. Es beginnt meistens rhythmisch, fast nach dem Metronom gesungen, mit kurzen, etwas rauen Lauten *zrrü zrrü zrrü* …, das Tempo erhöht sich dann, und die Silben werden zu kurzen *zrü-zrü-zü-zü-zü-züzüzüzüzüzü-züzü* und gehen in drei etwas gedehntere schnarrende *swirrirr swirrirr swirrirr* über. Der ganze Vortrag endet in reinen Tönen wie ***suuuü suuü psiiieh psiiieh psiiieh***. Die Tonhöhen verändern sich kaum hörbar, die Komposition ist trotzdem kompliziert. Vielleicht lohnt sich der Aufwand, denn in der Stille der Bergmatten hat der balzende Bergpieper den Hörraum fast für sich allein. Manche Männchen singen das Lied nur bruchstückhaft, vor allem wenn sie bereits verpaart sind. Besonders hartnäckige Sänger haben meist noch kein Weibchen. Für den Bergpieper ist das ganze Jahr über ein kurzes *hirss* typisch, meist deutlich rauer als der Ruf des Wiesenpiepers.

Mit einer Körperlänge von 15,5 – 17 cm ist der Bergpieper geringfügig größer als der Wiesenpieper und gleicht in der Größe dem Baumpieper. Im Prachtkleid ist die Unterseite hellrosa und nur an den Flanken andeutungsweise gestrichelt. Kopf und Nacken heben sich aschgrau von der bräunlichen Oberseite ab. Außerdem ist deutlich ein weißer Überaugenstreif zu erkennen. Im Schlichtkleid ist die weiße Unterseite mit kräftigen dunklen Strichen besetzt und die Oberseite olivbraun. Wichtig ist zu allen Jahreszeiten vor allem die Beinfarbe: Bergpieper haben im Unterschied zu Baum- und Wiesenpieper dunkle Beine.

Bergpieper brüten in einer klimatisch harten Umgebung. Der kurze Bergsommer bietet aber ausreichend Nahrung. Das Bodennest ist dickwandiger als bei anderen Piepern, und in der Hanglage kann es zu einer günstigen Sonneneinstrahlung kommen. In der Regel ist das Nest gut getarnt. Im Herbst kommen die Vögel hinunter ins Tiefland, wo man sie auf feuchten Wiesen oder Schlammflächen beobachten kann. Im Winter suchen sie regelmäßig Ufer und Schotterbänke von Flüssen auf und kommen auch mitten in die Stadt. Bei später Schneeschmelze in den Hochlagen können die Eier erst Ende Mai oder im Juni gelegt werden. Späte Bruten wurden sogar bis in den Juli hinein beobachtet.

DER WIESENPIEPER SINGT SEINE BESCHEIDENE STROPHE ÜBER DEM MOOR.

Wiesenpieper

Anthus pratensis

Ein kleiner, auf der Oberseite braun gestreifter Vogel fliegt mit hüpfendem Flug, als ob er wie eine Marionette am Faden hinge, plötzlich aus der dichten Vegetation und lässt dünne, scharfe *ist ist* hören – meist in Zweiergruppen, die in unregelmäßigen Abständen aufeinanderfolgen. Wiesenpieper sind Bodenvögel, die sich aber auch auf einen Pfosten oder Weidezaun setzen, jedoch selten auf einen Baum wie der Baumpieper. Der Singflug der Männchen beginnt mit einem kurzen Anstieg auf eine Höhe von etwa zehn Meter über dem Grund, von wo aus sich der kleine Vogel mit den Flügeln in V-Haltung und aufgerichtetem Schwanz langsam abgleiten lässt und nicht weit vom Ausgangspunkt entfernt wieder im Gras verschwindet. Schon beim Aufsteigen ist eine lange eintönige Reihe zu hören, die dann an Tempo zunimmt, in kleine Roller übergeht und mit tonreinen Lauten endet. Das ganze Lied klingt etwa wie *zi zi zi zi zi zi…zü-zü-zü-zü-zü… swiswiswiswiswi* ***tüü tüü tüü tüü*** *tiit-swia.*

Wiesenpieper sind 14 – 15,4 cm lang, haben eine olivbraune Oberseite und eine helle, kräftig gestrichelte Unterseite. Sie ähneln Baumpiepern, unterscheiden sich allerdings durch ihren Ruf und leben auch in einer anderen Umgebung. Die zierlichen Vögel wippen beim Laufen mit dem Schwanz wie eine kurzschwänzige Version der Bachstelze, mit der sie verwandt sind.

Im Sommer leben Wiesenpieper von Insekten, im Winter muss die Ernährung durch Sämereien gestreckt werden. Viele Wiesenpieper sind dann auch in mildere Länder Europas abgezogen. Düngewiesen kommen als Lebensraum nicht infrage, da hier das Gras zu schnell und zu hoch wächst. Moore, Feuchtwiesen, Dauerweiden oder küstennahe Marschen und Dünen sind geeignete Brutplätze.

DER BAUMPIEPER SCHMETTERT SEIN LIED IM FALLSCHIRMFLUG UND LANDET DANN AUF EINEM BAUMWIPFEL.

Baumpieper

Anthus trivialis

Wie alle ihre nächsten Verwandten sind auch Baumpieper Bodenvögel, die ihre Nester im Gras verstecken. Doch einige Bäume müssen in ihrem Brutrevier vorhanden sein. Von einer Baumspitze aus startet das Männchen mit kräftigen Flügelschlägen etwa 30 bis 40 Meter steil nach oben. Erst kurz vor Erreichen des höchsten Punkts beginnt der Gesang mit einer Reihe *zit-zit-zit* ..., die schneller wird und über mehr pfeifende *wiswiswiswis* ... in einen Roller übergeht. Dann lässt sich der Sänger mit ausgebreiteten Flügeln und gefächertem Schwanz wie mit einem Fallschirm herabgleiten und singt *zija zija zija*. Irgendwo landet er dann auf einem anderen Baumwipfel. Mit etwas unrein klingenden *psrieh* melden sich fliegende Baumpieper.

Die Körperlänge beträgt wie beim Wiesenpieper etwa 15 cm, und im Aussehen weisen die beiden nur geringe Unterschiede auf: Baumpieper haben ein etwas lebhafter gezeichnetes Gesicht, sind auf der Brust ähnlich kräftig gestrichelt wie Wiesenpieper, doch an den Flanken deutlich feiner.

Lockere Waldränder und Waldlichtungen, Heide- und Moorflächen mit einzelnen Bäumen oder Baumgruppen sind der Lebensraum des Baumpiepers. Aber es kommt auch auf die Vegetation am Boden an: Die Krautschicht muss reich strukturiert und darf nicht zu hoch und zu dicht sein, und der Brutplatz sollte auch nicht dauerhaft im Schatten liegen. Baumpieper brauchen Verstecke für das Nest, aber auch Möglichkeiten, gut laufen zu können. Empfindliche Bodenvögel finden nur noch wenige geeignete Plätze, und so haben Wiesen- wie Baumpieper stark abgenommen und stehen auf der Vorwarnliste der Brutvögel. Baumpieper sind reine Zugvögel, ihr Winterquartier liegt in den Savannen West- und Ostafrikas.

BACHSTELZEN BEWEGEN SICH MIT WIPPENDEM SCHWANZ.

Bachstelze

Motacilla alba

Ein zierlicher schwarz-weißer Vogel trippelt elegant über den Asphalt eines Parkplatzes, hält kurz mit heftig wippendem Schwanz inne und schnappt nach einem Insekt. Als Ruf ist ein scharfes *tsli-**witt*** zu hören, manchmal auch dreisilbig *zi-ze-litt*. In Kurzform erinnern die Rufe der Bachstelzen auch manchmal an Sperlinge, die irgendwo schilpen. Bei Erregung vernimmt man auch härtere Versionen, wie *dschis-ick,* fast ähnlich den Rufen der Gebirgsstelzen. Bei Gefahr stoßen Bachstelzen rasche Folgen von kurzen *ki-kik* oder raue *zrrrip* aus. Der Gesang setzt sich aus wenig auffälligen und meist leise vorgetragenen zwitschernden Strophen zusammen, in denen immer wieder die Rufe herauszuhören sind.

Der lange, fast dauernd wippende Schwanz nimmt etwa die Hälfte des 16,5–19 cm langen Körpers ein. Die Kombination von Schwarz, Grau und Weiß ergibt bei Bachstelzen erstaunlich viele Varianten. Beim Männchen im Prachtkleid sind Scheitel und Nacken schwarz und scharf vom grauen Rücken abgesetzt, Stirn und Unterseite sind weiß. Ein schwarzer Latz reicht vom Kinn und dem Unterrand des weißen Gesichts bis zur Brust. Der Bauch ist weiß. Im Flügel sind zwei weiße Binden zu erkennen, auch die Außenseiten des langen schwarzen Schwanzes sind weiß. Bei den Weibchen geht das Schwarz des Nackens schon weiter oben und allmählich in das Grau des Rückens über, manchmal ist der Oberkopf ebenfalls grau. Im Schlichtkleid ist der schwarze Kehllatz auf ein schwarzes Brustband reduziert und die Kehle manchmal auch gelblich weiß. Oberkopf und Nacken sind grau. Jungvögel tragen einen grauen Brustlatz, ihre ganze Oberseite ist vom Kopf an grau.

Bei uns sind Bachstelzen weit verbreitet. Sie lieben die Nähe zum Wasser, brüten aber ebenso im Agrarland und in dörflichen Siedlungen, selbst in Großstädten mit Rasenflächen oder in Industrieanlagen. Außerhalb der Brutzeit sieht man sie zur Nahrungssuche an Binnengewässern, aber auch an der Küste, auf Äckern und Wiesen. Abends suchen sie oft gemeinschaftliche Schlafplätze auf, die im Schilf oder in Büschen am Wasser, aber genauso in Bäumen an verkehrsreichen Plätzen in Städten liegen können. Manchmal werden diese über viele Jahre hinweg beibehalten. Die Nester stehen vor allem in Nischen und kleinen Höhlen am Boden in Böschungen, an Grabenrändern oder in Felswänden. Heute brüten die meisten Bachstelzen in Mauerlöchern an Gebäuden, in Schuppen oder unter Ziegeln auf dem Dach. In milderen Gegenden bleiben viele Bachstelzen auch im Winter da. Ein Großteil zieht allerdings im Oktober oder November nach Südwesteuropa oder in die Mittelmeerländer und kommt im März wieder zurück.

WIESENSCHAFSTELZEN LEBEN IM TIEFLAND AUF WIESEN UND ÄCKERN.

Wiesenschafstelze

Motacilla flava

Ein schlanker, an der Unterseite in sattem Gelb leuchtender Vogel fliegt in wellenförmiger Flugbahn über eine Wiese und landet auf einem frisch gemähten Stück Gras. Ein kurzes, durchdringendes *psiep* ist zu hören. Nach der Landung wippt die Wiesenschafstelze lebhaft mit dem Schwanz. Dann rennt sie kopfnickend, mit waagerecht gestrecktem Körper ein kurzes Stück und schnappt sich in kleinen Sprüngen aufgescheuchte Insekten. Der Gesang ist bescheiden: eine kurze Folge von etwas kratzenden Silben wie *srri-**srrit***. Der Sänger sitzt dabei oft etwas erhöht auf einem Pfosten oder einer Staude, mitunter auch hoch oben auf einem Leitungsdraht.

Die Schafstelze ist mit 15–16 cm Körperlänge die kürzeste der drei bei uns brütenden Stelzenarten. Ihr Schwanz ist deutlich kürzer als bei der Bachstelze und vor allem der ebenfalls auf der Unterseite gelben Gebirgsstelze. Es gibt verschiedene einander sehr ähnliche Schafstelzen in Europa. Die Männchen, die hierzulande brüten, haben einen grauen Kopf mit einem deutlichen weißen Überaugenstreif. Die Weibchen sind insgesamt matter gefärbt, an Kehle und Brust weißlich. Bauch und Steißregion sind meist nur blassgelb.

Schafstelzen brüten im offenen Land auf feuchten Wiesen, extensiv bewirtschaftetem Grünland und Weiden, aber auch auf Äckern, wenn der Boden nicht gerade unter Maisstauden oder Getreidehalmen verschwindet. Sie sind ausgesprochene Tieflandvögel und kommen nicht auf Wiesen in höheren Lagen vor. Auf dem Durchzug sieht man sie auch an flachen Ufern mit Schlammflächen. Gelbe Stelzen an rauschenden Flüssen sind dagegen immer Gebirgsstelzen. Im Oktober ziehen Schafstelzen ins tropische Afrika und kommen im April wieder zurück.

GEBIRGSSTELZEN BRÜTEN AN BÄCHEN UND FLÜSSEN.

Gebirgsstelze

Motacilla cinerea

Ein metallisches *ziss ziss* oder ein warnendes *süith* durchdringt selbst das laute Rauschen eines Gebirgsflusses, der durch die Schneeschmelze in den Bergen gewaltig angeschwollen ist. Der Gesang der Gebirgsstelze ist so angelegt, dass er im Hintergrundrauschen des Wassers gehört werden kann. Er setzt sich aus kleinen Strophen scharfer *ziss-ziss-ziss-zisss* oder heller *si si si siü* zusammen. Die Sänger sitzen am Ufer, auf einem hohen Stein im Wasser, auf einer Mauer oder vollführen einen kleinen Singflug.

Mit 17–20 cm ist die Gebirgsstelze die längste unserer drei Stelzenarten. Sie hat den längsten Schwanz und die kürzesten Beine. Ständig wippen die Vögel mit dem Hinterkörper und dem langen Schwanz. Es scheint eine Art Balancebewegung zu sein, aber in der Umgebung eines Flussbetts, in der Licht und Schatten kleinräumig wechseln, kann die Bewegung auch ein Signal sein und damit Bedeutung für die Kommunikation haben. Kopf und Rücken sind grau, die Flügel schwarz. Im Prachtkleid trägt das Männchen einen schwarzen Kehllatz, sonst ist die ganze Unterseite gelb. Die Kehle des Weibchens ist hell und mit etwas Schwarz durchsetzt, sie kann manchmal fast so dunkel sein wie beim Männchen. Im Schlichtkleid ist die Unterseite heller und die Kehle meist weiß.

Gebirgsstelzen leben das ganze Jahr über an Fließgewässern, keinesfalls nur im Gebirge, sondern auch im Tiefland bis fast an die Küste, hier dann allerdings deutlich seltener als im Bergland. Das Nest steht meist nahe am Wasser in Löchern, Spalten oder Nischen, heute vielfach in Uferverbauungen, Mauern, Wehren oder Schleusen. Einige wandern im Winter vom Gebirge ins Tiefland, andere sogar bis Südeuropa.

Wasseramsel

Cinclus cinclus

Mit scharfem *zrrik,* das den Lärm des reißenden Gebirgsflusses übertönt, kündigt sich einer unserer merkwürdigsten Singvögel an. Tief über den sprudelnden Wellen fliegt geradlinig, mit schwirrenden Flügelschlägen ein kompakter brauner Vogel, der sich plötzlich aus dem Flug ins Wasser stürzt und verschwindet. Dann taucht er wieder auf und lässt sich ein Stück mit der Strömung treiben, bevor er erneut abhebt und es an anderer Stelle wiederholt. Die Wasseramsel ist unser einziger Singvogel, der schwimmen und tauchen kann. Auf einem Stein im Wasser oder am Ufer – gar nicht so selten den Widerhall unter einer Brücke ausnutzend – singt der rundliche braune Vogel mit dem weißen Brustlatz vor allem im Winter und Vorfrühling sein Lied. Es sind pfeifende, schnurrende, gepresste Laute in ganz unterschiedlicher Lautstärke, die rhythmisch etwas abgehackt vorgetragen werden. Das Lied klingt wie *zi zi krep kepöp tja tjazerb srit sruttsärr trörr zii titjja* und ist oft nur in Bruchstücken zu hören.

Mit 17–20 cm erreichen Wasseramseln eine etwas geringere Körperlänge als Stare, sind aber rundlicher. In ihrer kompakten Körperform ohne sichtbaren Hals und mit kurzem Schwanz, der oft etwas angehoben wird, gleichen sie einem überdimensionalen Zaunkönig. Sie haben einen kräftigen Schnabel und robuste Beine und Füße. Das aus der Entfernung schwarz scheinende Gefieder ist überwiegend dunkelbraun, der große weiße Brustfleck schon von Weitem zu erkennen. Jungvögel wirken matter gefärbt und sind auf der dunklen Oberseite sowie auf der hellen Unterseite dunkel gewellt. Häufig knicksen Wasseramseln auf einem Stein im Wasser, dabei blinzeln sie, sodass man das weiße Augenlid erkennen kann.

Kleine Wassertiere wie Würmer, Insektenlarven, Krebstiere oder kleine Fische bilden die Nahrung, die Wasseramseln aus dem Fluss holen. Unter Wasser werden die Flügel angelegt, langsam angehoben und kräftig gegen den Körper gedrückt. Am Grund krallen sich Wasseramseln mit den Zehen fest, stoßen sich ab und rudern dann wieder mit den Flügeln, um vorwärtszukommen. Sie stürzen sich aus dem Flug ins Wasser, gehen vom Ufer aus hinein oder springen von einem Stein herunter. Das Wasser perlt am Gefieder ab. Ihre Nester sind große, fest zusammengefügte Mooskugeln mit seitlichem Schlupfloch, die auf einer soliden Unterlage, häufig zum Beispiel auf einer Brücke, stehen. Wasseramseln sind als Standvögel auch im Winter bei uns anzutreffen, gelegentlich unternehmen sie aber kleine Wanderungen. An der Küste und in ihrem Hinterland kommen sie nicht als Brutvögel vor, allerdings begegnet man dort manchmal Wintergästen aus Skandinavien.

DIE WASSERAMSEL IST DER EINZIGE SINGVOGEL, DER SCHWIMMEN UND TAUCHEN KANN.

HECKEN UND BÜSCHE SIND DAS REICH DES ZAUNKÖNIGS.

Zaunkönig

Troglodytes troglodytes

Wie eine Maus schlüpft der Zaunkönig während der Nahrungssuche ruhelos durchs Gestrüpp. Sein Gesang ist für so einen winzigen Kerl überraschend laut. Er enthält metallisch klingende und trillernde Lautfolgen, die ein bisschen an einen schmetternden Kanarienvogel erinnern. In Silben ist er schwer wiederzugeben, etwa *zitrivi-zisi swi* ***swiswiswi*** *zivizü* ***züzüzüzü si zirrrrr swi swi swi*** *sijö* ***zrrrrrrrr*** *süwi*. Beim Singen sitzen Zaunkönige meist in Deckung, sodass man aus dem Busch heraus von ihrem Lied überrascht wird, das zu jeder Jahreszeit zu hören ist. Beunruhigt melden sich Zaunkönige mit schnurrendem *zerr* oder hartem kurzen *zeck*.

Mit nur 9–10,5 cm Körperlänge zählen Zaunkönige zu unseren kleinsten Vögeln. An ihrem rundlichen Körper steht der kurze Schwanz meist senkrecht nach oben. Der Grundton des Gefieders ist auf der Oberseite rötlich braun, die Unterseite ist heller und mit vielen feinen Querbändern besetzt. Auffällige Merkmale sind der helle Überaugenstreif und der relativ lange, spitze und leicht nach unten gebogene Schnabel. Männchen und Weibchen sehen gleich aus.

Zaunkönige sind bei uns weit verbreitet und besiedeln die unterschiedlichsten Lebensräume, wie unterholzreichen Wald, Feldhecken sowie Büsche am Bach, in Parks und Gärten. Darüber hinaus kommen sie auch in Großstädte. Voraussetzung ist immer etwas Wildnis aus Büschen, Stauden, Gestrüpp, liegen gebliebenem alten Laub und ähnlicher sich selbst überlassener Natur. Das sieht man im gepflegten Hausgarten nicht so gerne, und so werden durch Gartenpflege viele Zaunkönige »hinausgesäubert«. Ihr ovales geschlossenes Nest mit seitlichem Eingang ist im niedrigen Gebüsch, am Boden oder auch in einem Holzstoß versteckt.

WENIG BEKANNT UND DOCH IN VIELEN GÄRTEN ZU GAST: DIE HECKENBRAUNELLE

Heckenbraunelle

Prunella modularis

In manchen Gegenden sind Heckenbraunellen verbreitete Gartenvögel. Auch in unterholzreichen Wäldern kommen sie häufig vor, während es an anderen Orten wiederum nur wenige von ihnen gibt. Egal, ob und wie viele Heckenbraunellen in Hörweite von Spaziergängern singen, selten kennt man ihren Namen, denn sie sind ein Muster an Bescheidenheit. Ihr zwitscherndes Lied ist angenehm zu hören, aber drängt sich nicht auf. *Dideridideridideridididi* plaudert ein unscheinbarer kleiner Vogel frei sitzend auf dem dünnen Ast eines Baums oder Buschs, nicht sehr hoch über dem deckenden Gestrüpp beblätterter oder benadelter Zweige. Ein lautes, scharfes *zieht* verrät Heckenbraunellen außerhalb der Sangeszeit. Stimmfühlung wird mit raschen, manchmal fast trillernden *dididi* gehalten.

Heckenbraunellen werden 13 – 14,5 cm lang. Auf den ersten Blick kann man sie wegen ihres grau und braun gefärbten Gefieders mit lebhafter dunkler Strichelzeichnung für einen Spatz halten. Sie haben allerdings den feinen Schnabel eines Insektenfressers. Männchen und Weibchen sehen gleich aus.

Heckenbraunellen sind Gebüschvögel, die wie Mäuse über den Boden ins Versteck huschen. Auch ihre Nahrung – im Sommer Insekten und viele andere Kleintiere, sonst auch kleine Samen – nehmen sie fast nur vom Boden auf. Ihre Nester stehen gut versteckt im Halbdunkel eines dichten Gebüschs, aber auch zwischen Kletterpflanzen an einer Mauer, unter einem Reisighaufen oder in dichten Jungfichten. Da Heckenbraunellen in milderen Gegenden bei uns regelmäßig überwintern, kommen sie auch an Futterstellen. In höheren Lagen mit schneereichen Wintern ziehen sie im Spätherbst weg. Viele von ihnen überwintern in Europa weiter südwestlich oder auch südlich der Alpen.

ROTKEHLCHEN SIND STREITBARE EINZELGÄNGER.

Rotkehlchen

Erithacus rubecula

Rotkehlchen liegen bei Umfragen nach dem schönsten und sympathischsten Vogel immer ganz vorn. Der rundliche große Kopf, die großen schwarzen Augen und der ziegelrote Brustlatz haben selbst auf Bildern eine beeindruckende Wirkung, weshalb sie immer wieder auf Buchdeckeln, Porzellantassen und sogar Briefmarken abgebildet werden. Hinzu kommt, dass Rotkehlchen scheinbar unbekümmert vor der Nase des Gärtners einen Regenwurm aus dem frisch aufgeworfenen Erdreich holen oder sich an der Futterstelle als kleine zierliche Geschöpfe energisch durchsetzen, was beim Beobachter Bewunderung auslöst. Schließlich vermittelt das Lied des Rotkehlchens in der Abenddämmerung eine Stimmung, der man sich nicht entziehen kann. Hohe, feine Töne setzen ein und gehen dann in laute »perlende« Tonfolgen über, die meist mit einem tieferen Ton enden. Tempowechsel und Tonhöhensprünge beleben den Gesang. Sowohl Männchen als auch Weibchen singen, die Weibchen allerdings weniger. Auch außerhalb der Brutzeit beanspruchen Rotkehlchen Reviere, deshalb singen sie ebenso im Herbst und Winter. Sie rufen mit kurzem *tick*, das sich in der Morgen- und Abenddämmerung in schneller Folge steigert: Rotkehlchen »schnickern«.

Bei 12,5–14 cm Länge wirken Rotkehlchen rundlich. Sie hüpfen auf relativ langen dünnen Beinen und mit etwas hängenden Flügeln zunächst auf dem Boden, bevor sie bei einer sich nähernden Bedrohung auffliegen. Wenn sie erregt sind, knicksen sie und stellen den Schwanz hoch. Männchen und Weibchen lassen sich nicht unterscheiden. Jungen Rotkehlchen fehlt die rote »Kehle«. Ihr Gefieder ist hell bräunlich gefleckt.

Hierzulande zählen Rotkehlchen zu den verbreitetsten Vögeln. Man sieht aber selten mehrere zusammen oder gar im Trupp. Sie sind Einzelgänger, die sogar auf der Rast während des Zuges mit Artgenossen auf Distanz gehen. Ihre Nester stehen am Boden in einer kleinen Höhlung versteckt oder niedrig im Gebüsch und in Baumlöchern. Auch niedrige Nistkästen werden bezogen. Zur Brutzeit besteht die Nahrung aus einer Vielfalt von Kleintieren, vor allem Insekten, aber auch Spinnen, kleinen Würmern und Schnecken. Im Hochsommer und Herbst spielen Beeren und weiche Früchte eine wichtige Rolle. Im Winter kommen Rotkehlchen auch an Futterstellen und nehmen vor allem Haferflocken gerne an. Ein Teil der Rotkehlchen zieht im Herbst nach Westeuropa und in die Mittelmeerländer. Aus schneereichen höheren Lagen wandern die meisten aber nur in mildere Tieflandgebiete ab. Viele der Vögel, die man hier im Winter beobachten kann, sind keine einheimischen Rotkehlchen, sondern Wintergäste aus Nordeuropa.

DIE SÄNGERKÖNIGIN NACHTIGALL TRÄGT EIN BESCHEIDENES FEDERKLEID.

Nachtigall

Luscinia megarhynchos

Nicht jeder melodisch und lautstark singende Vogel ist eine Nachtigall. Das Lied der Sängerkönigin hat eigentlich gar keine Melodie, sondern ist recht abrupt aus Einzelstücken zusammengesetzt, die allerdings an Lautstärke fast alle anderen übertrifft. Hohe *fiet, fiet* ... leiten den Gesang ein. Darauf kann das »Schlagen« folgen, das rhythmische Wiederholen einzelner Silben wie *tschuktschuktschuk* in voller Lautstärke. »Schluchzen« wird eine Reihe hoher pfeifender *füh füh füh* ... genannt, die in Lautstärke und Tempo kontinuierlich ansteigen. Häufig bricht der Gesang abrupt ab, und erst nach einer längeren Pause folgt die nächste Strophe. Die Ruhe zwischen den Strophen verleiht dem Vortrag eine zusätzliche Dramatik. Es gibt viele unterschiedliche Strophen. Die Männchen singen außerdem verschieden, je nachdem, ob sie ein Revier verteidigen oder ein Weibchen ergattern wollen. Nachtigallen singen keineswegs nur nachts. Dann sind zwar die Balzgesänge für Weibchen gefragt, tagsüber hört man aber die lauten Reviergesänge. Als Rufe vernimmt man leicht ansteigende *hüit* und tiefe *karrr*.

Nachtigallen sind schwer zu sehen. Ihr Gefieder ist unauffällig, und sie halten sich meist versteckt. Mit 15–16,5 cm sind sie größer als Rotkehlchen. Ihr relativ langer, einfarbiger rostbrauner Schwanz hebt sich gut von der braunen Oberseite ab. Die Unterseite ist hell sandfarben.

Nachtigallen kommen in sommerwarmen Tieflandgebieten vor. Sie brüten in der Strauchschicht unterholzreicher Laubwälder, oft entlang von Bach- und Flussläufen, aber auch in Büschen großer Parks und Gärten. In den Alpen und im Alpenvorland begegnet man ihnen nicht. Im Nordosten Deutschlands werden sie vom nahe verwandten Sprosser vertreten.

DER SPROSSER IST DER DOPPELGÄNGER DER NACHTIGALL.

Sprosser

Luscinia luscinia

Der Sprosser ist der Doppelgänger der Nachtigall und auch eng mit ihr verwandt. Sein Gesang scheint der Lautstärke nach aus der gleichen Kehle zu stammen, ist aber nach menschlichem Empfinden weniger schön. Ihm fehlt das Schluchzen der Nachtigall, die Serie sich steigernder tonreiner Pfeiflaute. Der Sprossergesang, in seiner Lautstärke noch beeindruckender als der Gesang der Nachtigall, setzt meist mit schnellen *i-i-i-i-i* ein, dann folgen klangvolle Töne, die von ein- oder zweisilbigen Schlägen wie ***tjuk tjuk tjuk*** abgelöst werden. Geräuschvolles Rattern und Schnurren beendet die Strophe. Man spricht von Kastagnetten- und Ratterphrasen beim Sprossergesang. Es gibt auch Sprosser, die das Schluchzen der Nachtigall in ihre Strophen einbauen, also Mischsänger sind. Nachtigallen mit Ratterphrasen der Sprosser hat man hingegen noch nicht gefunden. Auch die Rufe des Sprossers gleichen der Nachtigall, das *hied* ist aber höher und steigt in der Tonhöhe nicht an. Die tiefen *dak* oder *karrr* gleichen den Rufen der Nachtigall.

Sprosser sind mit 15 – 17 cm Körperlänge genauso groß wie Nachtigallen, und auch in der Gefiederfärbung gleichen sich beide Arten bis auf Nuancen: Beim Sprosser sind Schwanz und Bürzel etwas weniger rötlich braun, die Oberseite ist für gewöhnlich graubrauner. Auf der hellen Unterseite sind Kehle und Brust grau gewölkt. Die Unterschiede sind bei einer Beobachtung allerdings kaum sicher zu erkennen.

Sprosser leben in Nordosteuropa. Ihr Verbreitungsgebiet reicht nach Westen bis in den Nordosten Deutschlands. Dort lösen sie die Nachtigall als Brutvogel ab. Nur um die Grenze der beiden Brutareale kommen Nachtigall und Sprosser auch gemeinsam vor.

BEI UNS TRAGEN BLAUKEHLCHEN EINEN WEISSEN, IN NORDEUROPA EINEN ROTEN FLECK AUF DER KEHLE.

Blaukehlchen

Luscinia svecica

In Weidengebüsch, im Schilf eines Sees oder an einem nassen Graben, aber auch in einer vernässten Kiesgrube und mitunter im Rapsfeld kann man einem Sänger begegnen, der selbst nach Einbruch der Dunkelheit noch aktiv ist. Mit zögernden *dip dip dip* … leiten Blaukehlchen ihre Strophe ein und gehen dann in ein buntes Gemisch aus trillernden, schnurrenden und zischenden Lauten über, zwischen denen rein klingende Flötentöne und auch oft gelungene Nachahmungen anderer Vogelstimmen eingestreut sind. Am Tag kann man zudem kleine Singflüge beobachten. Mit einzelnen schnalzenden *klak* und oft längeren Reihen kurzer *djüp*, die wie die Einleitung zum Gesang klingen, melden sich rufende Blaukehlchen.

Blaukehlchen sind 13–14 cm lang und wirken recht klein und schlank. Nur Männchen im Prachtkleid tragen die namensgebende leuchtend blaue Kehle. Bei den in Mitteleuropa heimischen Männchen sitzt ein weißer Stern im blauen Kehl- und Brustfleck. Daher spricht man auch von »weißsternigen« Blaukehlchen. Bei Skandinaviern, die bei uns gelegentlich als Durchzügler vorkommen, und Brutvögeln in den Zentralalpen ist der Fleck rostrot. Die weiße Kehle der Weibchen ist nur mit einem schwarzen Fleckenkranz eingefasst, bei älteren ist auch etwas Blau zu sehen. Wichtige Kennzeichen in allen Kleidern sind der deutliche weiße Überaugenstreif und die rostrote Schwanzbasis.

Blaukehlchen sind bei uns sehr lückenhaft verbreitet und fehlen in vielen Landschaften. In manchen Gegenden sind sie aus Feuchtgebieten ins Kulturland eingewandert. Auf dem Durchzug können sie einzeln überall überraschend auftauchen. Ihr Winterquartier reicht von Südspanien und Nordafrika bis in den Savannengürtel südlich der Sahara.

DAS MÄNNCHEN DES GARTENROTSCHWANZES IST UNSER FARBENPRÄCHTIGSTER GARTENVOGEL.

Gartenrotschwanz

Phoenicurus phoenicurus

Das bunte Männchen ist nicht zu übersehen, sein Gesang geht allerdings nicht so leicht ins Ohr. Man kann aber einen singenden Gartenrotschwanz gut erkennen, wenn man sich auf den Anfang seines kleinen Liedchens konzentriert. Alle Gartenrotschwänze fangen mit einem längeren und zwei bis drei kurzen tieferen Lauten an, etwa wie *hüid dedede*. Dann wird es individuell sehr variabel. Schnalzende, schnarrende oder rein klingende Passagen schließen sich an, aus denen man auch Imitationen anderer Vogelstimmen heraushören kann. Manchmal ist die Strophe ganz kurz, manchmal auch etwas länger, meist klingt ihr Ende so, als ob noch eine Frage offenbliebe. Der Lockruf ist ein nach oben gezogenes *hüid*, mit einem harten Laut kombiniert, wird er zum Warnruf *hüid-tek-tek*.

Die Körperlänge beträgt 13–14,5 cm, der Vogel wirkt schlank und steht oft ziemlich aufrecht mit zitterndem Schwanz. Das Männchen ist mit seinem auffallend bunten Federkleid einer unserer schönsten Singvögel: schwarze Kehle, orangerote Brust, weiße Stirn, aschgrauer Oberkopf, Nacken und Rücken sowie ziegelroter Schwanz. Die Weibchen haben eine graubraune Oberseite und sind an der Unterseite beige. Insgesamt sind sie deutlich heller und weniger grau als die Weibchen des Hausrotschwanzes.

Gartenrotschwänze tragen ihren Namen zu Recht, denn sie sind als Brutvögel in Gärten weit verbreitet, vor allem wenn Nistkästen ihnen Brutmöglichkeiten bieten. Auch in Parks, Alleen, Feldgehölzen und Streuobstwiesen sowie in lichten Wäldern brüten sie, wenn Höhlen mit größerem Eingang für die Anlage eines Nestes zur Verfügung stehen. Im Oktober ziehen sie in ihre Winterquartiere in der Savanne Afrikas, im April kommen sie wieder zu uns zurück.

HAUSROTSCHWÄNZE SINGEN AB MÄRZ VON DEN DÄCHERN.

Hausrotschwanz

Phoenicurus ochruros

Auf dem Dachfirst oder einer Fernsehantenne sitzt ein kleiner Vogel im Gegenlicht, sodass man seine Farben nicht erkennen kann. Das typische Schwanzzittern spricht allerdings für einen Rotschwanz. Der überraschend weittragende Gesang beginnt mit einer hohen Lautfolge desselben Tons, wie *jirrr tititititi*. Nach einer kurzen Pause folgen knirschende Laute, an die weitere Töne angehängt werden. Dieser zweite Teil klingt wie *krchchch-tütitit*. Die ganze Strophe wirkt mühsam herausgestottert. Das Lied des Hausrotschwanzes ist kein Hörgenuss, aber es trägt weit, was im städtischen Lärm sicher nicht von Nachteil ist. Hohe *fist fist,* oft scheinbar ungeduldig wiederholt, sind die Lockrufe. Mit *fist tk-tk-tk* werden Beunruhigung und mögliche Gefahr angezeigt.

Mit 13–14 cm ist der Hausrotschwanz genauso groß wie der Gartenrotschwanz. Das Männchen im Prachtkleid ist grauschwarz mit einem deutlichen weißen Flügelfeld. Männchen, die erst im zweiten Kalenderjahr stehen, fehlt dieses Flügelfeld, man kann sie aber am grauen Gefieder als Männchen erkennen. Die Weibchen sind rußig graubraun und damit deutlich dunkler als weibliche Gartenrotschwänze. Allerdings können Männchen im zweiten Kalenderjahr auch wie Weibchen aussehen. Es gibt beim Hausrotschwanz also zwei Typen junger Männchen.

Heute sind Hausrotschwänze überall Hausbewohner, in großen Städten wie in Dörfern. Die Nester stehen in Mauerlöchern, unter Dachbalken, auf Säulen oder Stahlträgern, ja selbst in Werkshallen voller Lärm oder in einem Kirchenschiff. Ursprüngliche Brutplätze befanden sich in Felswänden. Hausrotschwänze kommen nach wie vor in den Alpen in großen Höhen als Felsenbewohner vor, aber auch in Steinbrüchen und anderen Felsabgrabungen.

EIN VOM AUSSTERBEN BEDROHTER BRUTVOGEL AUF ÖDLAND: DER STEINSCHMÄTZER

Steinschmätzer

Oenanthe oenanthe

Zu den Zugzeiten von Mitte April bis Mitte Mai oder im September und Oktober lohnt sich der Blick auf wenig einladende Flächen, wie kahle Äcker, abgefressene Weiden, nackte Kiesflächen oder Spülsaum an der Küste. Kleine braune oder graue Vögel, die mit niedrigen Sprüngen über den Boden hüpfen und dann wieder stehen bleiben, passen nicht so ganz ins Bild der hier üblichen Lerchen, Ammern oder Sperlinge. Bei einem kurzen Flug blitzt es weiß auf, und damit ist das Rätsel gelöst. Steinschmätzer geben auf ihrem Durchzug kaum einen Ton von sich. Aber an einem Brutplatz kann man das Männchen vielleicht auf einer Singwarte oder im Singflug bewundern. Der Gesang ist schwer zu beschreiben: Zwitschernde, kratzende und knirschende Laute sprudeln hintereinander zu einer kurzen Strophe, aus der man hohe *hiid* heraushören kann. Vielleicht kommt der Name Schmätzer von schmatzenden Lauten. Jedenfalls sind neben einsilbigen Kontaktrufen *fjü* oder *sip* als Warnrufe schnalzende *tschak* zu vernehmen.

Mit 14–16,5 cm Körperlänge sind Steinschmätzer größer als Rotschwänze. Die Männchen im Prachtkleid mit grauer Oberseite, schwarzen Flügeln und schwarzer Augenmaske sieht man nur im Frühjahr. Weibchen und Herbstvögel sind oberseits graubraun und auf der Unterseite beige. In allen Kleidern leuchtet beim Abflug die weiße Schwanzbasis.

Steinschmätzer sind über die ganze Nordhalbkugel verbreitet und ziehen teilweise auf sehr weiten Wanderungen ins afrikanische Winterquartier, was sie für die moderne Vogelzugforschung besonders interessant macht. Als Brutvogel offener, wenig bewachsener steiniger oder sandiger Flächen ist die Art bei uns vom Aussterben bedroht.

DAS BRAUNKEHLCHEN BRAUCHT SINGWARTEN AUF EINER WIESE.

Braunkehlchen

Saxicola rubetra

Von einem etwas verwilderten Wiesenstück mit einzelnen hohen Halmen, die noch aus dem Vorjahr stammen, hört man einen feinen Pfiff *düh*, der an den klagenden Ruf des Gimpels erinnert. Oft folgen schnalzende *zk zk* oder *tk tk,* fast ohne Ton, aber als Warnruf für die Braunkehlchen offenbar ausreichend. Das kurze sprudelnde und etwas kratzige Lied fällt eigentlich nur deshalb auf, weil es rasch wieder vorbei ist und erst nach einer längeren Pause wiederholt wird. Der Sänger sitzt meist etwas erhöht auf einer Warte und streut in seinen Gesang dazwischen ganz beliebig flötende Töne ein, manchmal auch täuschende Imitationen anderer Vogellaute.

Braunkehlchen haben mit 12–14 cm Körperlänge etwa die Größe eines Rotkehlchens und wirken mit ihrem kurzen Schwanz recht kompakt. Die Vögel stehen aufrecht und knicksen, der Schwanz wird langsam zitternd – nicht so schnell wie bei Rotschwänzen – bewegt. In allen Kleidern ist ein heller Überaugenstreif zu sehen, und im Flug fallen die weißen Seiten der Schwanzbasis auf. Die Oberseite ist braun, Brust und Kehle orange bräunlich. Männchen im Prachtkleid sind kontrastreicher gefärbt als Weibchen oder Herbstvögel und zeigen im Flug ebenfalls weiße Flügelabzeichen.

Einst waren Braunkehlchen bei uns weitverbreitete und häufige Wiesenvögel. Die Bestände haben aber als Folge der intensiven Grünlandbewirtschaftung dramatisch abgenommen, und die Art ist heute gefährdet. Braunkehlchen sind auf offene Flächen angewiesen, die für die Nahrung und das Nestversteck mit einer vielfältigen Schicht aus Kräutern und kleinen Sträuchern, aber auch mit höheren Sitzwarten ausgestattet sind. Die Winterquartiere liegen in den Savannen Afrikas südlich der Sahara.

SCHON VON WEITEM VERRÄT EIN WEISSER HALSRING DAS SCHWARZKEHLCHEN.

Schwarzkehlchen

Saxicola rubicola

Ein kleiner Vogel mit rundem Kopf sitzt auf einem Ginsterbusch, zuckt fortwährend mit den Flügeln und spreizt immer wieder den Schwanz. Das Schwarzkehlchen ist aufgeregt und warnt ähnlich wie ein Hausrotschwanz mit schrillen *wist*, denen sofort ein tiefes, geräuschvolles *track-track* folgt. So kann es lange Zeit im rhythmischen Wechsel der drei Silben gehen, bis sich der aufmerksame Vogel wieder beruhigt. Der Gesang des Schwarzkehlchens besteht aus kurzen Strophen zwitschernder und gequetscht klingender Laute. Er wird eilig vorgetragen und erinnert im Ablauf etwas an das Lied der Heckenbraunelle. Manchmal sieht man das Männchen seine Strophen während eines wellenförmigen Singflugs vortragen. Nachahmungen anderer Vögel wie beim Braunkehlchen hört man nicht.

Mit 11,5 – 13 cm Körperlänge sind Schwarzkehlchen ein winziges Stück kleiner als Braunkehlchen. Die Männchen wirken im Prachtkleid mit dem schwarzen Kopf, weißen Halsfleck, der orangefarbenen Brust und dunklen Oberseite auffallend bunt. Die schlichter gefärbten Weibchen könnte man mit Braunkehlchen verwechseln, allerdings ist ihre Kehle braun. Sie haben außerdem keinen hellen Überaugenstreif.

Auf offenen, trockenen Flächen mit nicht zu dichter Vegetation, wie extensiv genutzten Agrarflächen, Industrieanlagen, Abraumhalden mit Vegetation, trockenen Hängen, Brachflächen und Randzonen von Mooren, brüten Schwarzkehlchen heute etwas häufiger als früher. Ihr Bestand hat bei uns in manchen Gegenden leicht zugenommen. Anders als Braunkehlchen ziehen Schwarzkehlchen nur kurze Strecken. Ihre Winterquartiere liegen in West- und Südeuropa. Bereits Ende Februar treffen die Ersten wieder bei uns ein, und erst Ende November sind die Letzten abgezogen.

SINGDROSSELN SIND SEHR EINFALLSREICH BEI IHREM WECHSELVOLLEN GESANG.

Singdrossel

Turdus philomelos

Ein paar zerbrochene Schneckenhäuser neben einem Stein, der auf einem Garten- oder Waldweg liegt, verraten die Arbeit einer Singdrossel. Auf dem Stein zerschmettert sie das Gehäuse von Gartenschnecken, um an den Weichkörper heranzukommen. Kleinere Gehäuseschnecken machen einen wichtigen Teil der Nahrung von Singdrosseln aus, und so gehört in vielen Singdrosselrevieren die »Drosselschmiede« mit einem geeigneten Stein als Amboss zum festen Inventar. Der wohltönende Gesang ist mindestens genauso kräftig wie der einer Amsel und steckt voller Überraschungen. Singdrosseln verfügen über eine Vielzahl von Motiven, die sie unvermittelt aufeinanderfolgen lassen und meist laut und »selbstsicher«, in der Regel von der Spitze eines hohen Baumes aus, vortragen. Jedes dieser Motive wird zwei- bis viermal wiederholt und nach einer kurzen Pause um ein weiteres ergänzt. Das klingt wie ***kü**klivi* ***kü**klivi trürrü türrrü trürrrü tixi tixi tixi koku**kix*** ***koku**kix* ... in bunter Folge. Bis zu hundert verschiedene Motive kann man von einem einzigen Männchen hören. Oft singen sie noch bis tief in den Abend hinein, wenn andere Singvögel bereits verstummt sind. Lock- und Flugruf sind kurze *zipp*. Das Zetern der Singdrosseln klingt zwar ähnlich, doch deutlich heller und weniger voll als das der Amseln.

Mit 20–22 cm Körperlänge ist die Singdrossel viel kleiner als die ihr ähnliche Misteldrossel und auch kleiner als eine Amsel. Ihre Oberseite ist einheitlich hellbraun und die weiße oder gelbliche Unterseite mit schwarzen Pfeilspitzenflecken besetzt. Im Flug kann man mitunter den gelblichen Unterflügel erkennen, ein gutes Unterscheidungsmerkmal zum weißen Unterflügel der Misteldrossel.

Weit verbreitet brüten Singdrosseln hierzulande sowohl in geschlossenen Nadelwäldern an Berghängen als auch in Mischwäldern und unterschiedlichen Typen von Gehölzen im Tiefland. Sie haben außerdem Parklandschaften besiedelt und sind an einigen Orten sogar Garten- und Stadtvögel geworden. Aber so erfolgreich wie die Amsel sind sie als Stadtbewohner nicht, denn in vielen Ortschaften fehlen Singdrosseln immer noch oder haben sich nach anfänglichen Ansiedlungen wieder zurückgezogen. Das Nest steht, oft etwas niedriger als bei anderen Drosseln, vor allem in Nadelbäumen, deren dichte Zweige Sichtschutz nach oben bieten. In der Regel werden in einem Sommer zweimal Junge großgezogen. Das Winterquartier unserer Singdrosseln liegt in West- und Südeuropa. Nordische Brutvögel ziehen bei uns durch, sie sind nachts unterwegs und rasten am Tag. Einzelne Singdrosseln versuchen, auch bei uns den Winter zu überstehen.

DIE MISTELDROSSEL IST UNSERE GRÖSSTE DROSSEL.

Misteldrossel

Turdus viscivorus

Aus dem dichten Fichtenwald lässt eine Amsel ihre Flötenstrophen hören. Allerdings sind sowohl die Strophen als auch die Abstände zwischen den Strophen kurz und die Tonhöhenunterschiede gering. Beim genaueren Zuhören wird zudem klar, dass dem Sänger nicht so viele Variationen seines Liedes einfallen wie einer Amsel: *To-oh-tih-tuih … dijididuhui …* und ähnlich klingen die Strophen der Misteldrossel, die, von der Spitze eines Baumes vorgetragen, weithin zu hören sind. Mit schnarrendem *trrr trrrr*, das wiederum Ähnlichkeit mit den Rufen der Wacholderdrossel hat, fliegen die großen Drosseln nach einer Störung davon.

Mit 27–28 cm Körperlänge ist die Misteldrossel die größte in Europa brütende Drossel. Beim Auffliegen fallen im Vergleich zur ähnlichen Singdrossel nicht nur die beachtliche Größe und der lange Schwanz auf, sondern auch der Flug in tiefen Wellenlinien. Misteldrosseln fliegen häufig auf die Spitze eines Baumes, Singdrosseln suchen mehr die Deckung tieferer Schichten auf. Die helle Unterseite von Misteldrosseln ist mit kräftigen schwarzen Flecken besetzt, das Gesicht ist heller als bei Singdrosseln, und der lange Schwanz hat weiße Ecken.

Misteldrosseln sind bei uns als Waldvögel weit verbreitet. In einigen Gebieten, vor allem im Westen, sind sie außerdem zu Parkvögeln geworden oder in größere Gärten eingezogen. Sie brüten hier sogar in kleineren Baumgruppen, im Bergland trifft man sie dagegen nur im Hochwald. In Gegenden mit milderen Wintern sind Misteldrosseln das ganze Jahr über zu beobachten, aus schneereichen Berglagen wandern sie ab. Viele ziehen im Spätherbst auch nach West- und Südeuropa. Die Zahl der Überwinterer scheint bei uns aber zuzunehmen. Sie ernähren sich dann meist von Mistelbeeren.

WACHOLDERDROSSELN HABEN ALS KOLONIEBRÜTER KEINEN LAUTEN REVIERGESANG.

Wacholderdrossel

Turdus pilaris

Schon immer gehörten Wacholderdrosseln zu unseren Wintergästen, und früher waren sie als »Krammetsvögel« die Jagdbeute des kleinen Mannes. Mit Dohnenstiegen, Fangeinrichtungen für Drosseln, besserte man damals die karge Küche auf. Inzwischen haben sich Wacholderdrosseln weit nach Westen ausgebreitet und sind heute überall Brutvögel. Sie verteidigen keine großen Reviere, sondern brüten meist in Kolonien. Daher fehlt ihnen der laute Gesang, der von den anderen Drosseln bei der Reviermarkierung zu vernehmen ist. Einfache, schwätzende oder auch krächzende Laute sind alles, was das Männchen, meist in einem Singflug, von sich gibt. Manchmal singen sie auch leise im Chor. Ihre Rufe sind dagegen sehr charakteristisch. Häufig ist ein Schackern zu hören wie *gag schak schak ak ak* ..., etwas holprig vorgetragen und mit hohen, etwas unreinen *siii* dazwischen. Erregung am Brutplatz wird als *dschrätdschrätdschrät* kundgetan, kommt eine Krähe des Wegs, kann sich das zu einem heftigen *trrr-trr-trrr* steigern.

Wacholderdrosseln sind mit 22–27 cm Körperlänge robuste Vögel, haben einen relativ langen Schwanz und einen kräftigen gelben Schnabel. Ihre Gefiederfärbung ist komplizierter als die der anderen Drosseln. Oberkopf und Nacken sind grau, davon ist ein rotbrauner Rücken abgesetzt, an den sich wiederum ein grauer Bürzel anschließt. Der Schwanz ist schwarz. Die helle Unterseite ist vor allem auf der rostgelben Brust und den weißen Flanken stark dunkel gefleckt.

Wacholderdrosseln brüten vor allem in Feldgehölzen oder an Waldrändern. Freie Flächen zur Nahrungssuche, insbesondere ein reiches Angebot an Regenwürmern, sollten in der Nähe sein. Ansiedlungen in Gärten sind oft nicht von langer Dauer.

SCHWARZES GEFIEDER, GELBER SCHNABEL UND GELBER AUGENRING: DAS AMSELMÄNNCHEN

Amsel

Turdus merula

Einen unserer häufigsten Vögel kann man weder übersehen noch überhören. Der melodische Reviergesang der Amselmännchen mit seinen klaren und lauten Flötentönen, die langsam vorgetragen werden, beginnt in der Stadt oft schon im Januar. Bis in den Sommer hinein kann man vor Anbruch der Morgendämmerung den Amselgesang wie einen Klangteppich über der Stadt genießen. Die Sänger sitzen auf den Ästen hoher Bäume, auf Dachgiebeln oder Fernsehantennen. Bei einzelnen Männchen ist das Repertoire an Motiven in ganz unterschiedlichen Tonhöhen enorm groß. Meist endet ihre fließende Reihe mit gepressten Zwitscherlauten. Generell ist von Amseln viel zu hören. Weiche *srieh* dienen der Stimmfühlung, bei Erregung vernimmt man einzelne tiefe *tak*, als Warnrufe gedämpfte *duk*. Bei großer Erregung können sich die Einzellaute zum hysterischen Zetern steigern, bei dem sich die Stimme zu überschlagen scheint: *dack derriigigigigi duck duck* zetern Amseln auch, wenn sie ihre Schlafplätze aufsuchen. Da sich andere davon anstecken lassen, ertönt bei manchen Anlässen ein vielstimmiges Geschrei. Junge Amseln, die noch nicht flügge sind, das Nest aber bereits verlassen haben und irgendwo in der Deckung sitzen, melden mit heiserem *dschröt* oder *dschrit* den fütternden Altvögeln ihren Standort.

Amseln erreichen eine Körperlänge von etwa 25 cm und haben ein unverwechselbares Äußeres: Die Männchen sind ganz schwarz, haben einen gelben Schnabel und um das Auge einen schmalen gelben Ring. Haben sie noch kein volles Jahr erreicht, sind die Flügel bräunlich, der Schnabel geht erst allmählich von einer dunklen Farbe in Gelb über, und der Augenring ist noch nicht deutlich ausgeprägt. Die Weibchen sind dunkelbraun, oft ist ihre Kehle etwas aufgehellt und die Brust undeutlich gefleckt. Jungvögel sehen wie Weibchen aus, tragen aber auf der Oberseite kleine hellbraune Flecken.

Amseln sind eigentlich Waldvögel, die vor über hundert Jahren erfolgreich in menschliche Siedlungen eingewandert sind und heute in Gärten und Parks oft häufiger vorkommen als auf gleich großen Waldflächen. Die meisten der Stadtamseln haben die Scheu vor Menschen weitgehend abgelegt und profitieren vom Angebot an Nahrung und Nistplätzen. Amselnester findet man auf Bäumen und in Sträuchern, in Asthaufen und Kletterpflanzen, ja sogar im Blumenkasten auf dem Balkon. Die Vögel müssen sich vor allem mit Hauskatzen auseinandersetzen; viele kommen zudem im Straßenverkehr um. Vor allem in Gärten sind Amseln größtenteils Standvögel, die auch im Winter bei uns bleiben. Einige ziehen allerdings nach West- und Südeuropa.

SIE TRÄGT KEIN AUFFÄLLIGES GEFIEDERMERKMAL, ABER HAT EINEN SCHÖNEN GESANG: DIE GARTENGRASMÜCKE.

Gartengrasmücke

Sylvia borin

Der kleine Vogel ohne auffällige Kennzeichen, der sich noch dazu meist in dichtem Gebüsch herumtreibt, wird leicht übersehen. Aber dafür ist er nicht zu überhören. Gartengrasmücken tragen ihren sprudelnden Reviergesang mit beachtlicher Lautstärke vor. Die tieferen Töne klingen etwas kehlig und volltönend, springen unvermittelt in höhere Lagen und kratzen dann. Gartengrasmücken pfeifen oder flöten nicht, sondern orgeln. Ihr Gesang klingt phasenweise, als käme er aus der Kehle eines wesentlich größeren Vogels. Meist geht dem lauten Vollgesang noch ein leiser plaudernder Werbegesang voraus, der dem Weibchen und nicht der Revierverteidigung gilt. Ärgerlich klingende *tschätschäcktschäk* sind Warnrufe.

Mit 13–14,5 cm Körperlänge ist die Gartengrasmücke eine der Größeren in ihrer Verwandtschaft. Außer Braungrau ist an Farben und Gefiedermustern, abgesehen von einer etwas helleren Unterseite und einem sehr undeutlichen Überaugenstreif, nichts zu erkennen. Ein relativ kräftiger Schnabel und blaugraue robuste Beine sind Kennzeichen, die beim Vergleich mit anderen kleinen grauen, bräunlichen oder grünlichen Insektenfressern weiterhelfen.

Ungeachtet ihres Namens sind Gartengrasmücken eigentlich gar keine Gartenvögel. Hier fehlt ihnen meist eine reich strukturierte Stauden- und Strauchschicht. Vielmehr brüten sie an Waldrändern und -lichtungen in Hecken und Feldgehölzen mit dichtem Unterwuchs sowie in lichten Wäldern mit reichem Unterwuchs, wie etwa Auwäldern. Als Nahrung ist eine Vielzahl von Insekten und deren Larven erforderlich. Gartengrasmücken sind Zugvögel mit einem langen Weg. Erst gegen Ende April und Anfang Mai kommen sie aus ihrem Winterquartier aus Afrika südlich der Sahara wieder zurück.

DIE MÄNNCHEN DER MÖNCHSGRASMÜCKE TRAGEN EINE SCHWARZE KAPPE.

Mönchsgrasmücke

♀

Sylvia atricapilla

Die schönste Vogelstimme im Garten gehört wohl ihr: Die Mönchsgrasmücke singt mit lauten reinen Flötentönen, kürzer als die Strophe der Gartengrasmücke, aber meist sehr klangrein. In der Regel fängt die Strophe mit einem leise schwätzenden Vorgesang an und mündet dann in den weithin hörbaren »Überschlag«, das sind jene Flötentöne, die Vogelliebhaber schon seit jeher begeistern. Manchmal flechten einzelne Männchen sogar Imitationen anderer Vogellaute mit ein, mitunter gibt es auch das »Leiern« – von Sängern, die den Überschlag vereinfachen und nur *düle düle* … singen. Über den Gesang der Mönchsgrasmücke ist schon fast so viel geschrieben worden wie über die Feinheiten der Nachtigallstrophen. Mit schmatzenden *tak* oder *tek* äußern sich Mönchsgrasmücken bei Erregung. Ausgeflogene Junge melden sich mit einem näselnden *idat*.

Mönchsgrasmücken messen 13,5–15 cm und sind ähnlich kompakt wie Gartengrasmücken. Ihre Oberseite ist grau, die Unterseite etwas heller. Männchen tragen eine schwarze und Weibchen wie auch Jungvögel im Spätsommer eine braune Kopfplatte. Bei den jungen Männchen ist im Herbst die braune Kappe mit schwarzen Federchen durchsetzt.

Mönchsgrasmücken sind unsere häufigsten Grasmücken und damit auch die eigentlichen *Garten*grasmücken. Sie sind sehr vielseitig und kommen vom Zentrum der Städte über Gehölze im Agrarland bis in den geschlossenen Laub- und sogar Nadelwald vor. Ihr klassisches Winterquartier ist Südwesteuropa. Doch neuerdings haben viele süddeutsche Mönchsgrasmücken England mit seinen zahlreichen Futterstellen in den Gärten als Winterquartier entdeckt und ziehen nach Nordwesten ab. Einzelne versuchen auch, bei uns zu überwintern.

ROTBRAUN IM FLÜGEL UND HELLE BEINE KENNZEICHNEN DIE DORNGRASMÜCKE.

Dorngrasmücke

Sylvia communis

Mit gesträubten weißen Kehlfedern und einem kleinen Schopf singt, frei auf einem Busch sitzend, ein kleiner Vogel kurze rhythmisch gegliederte Strophen. Sie bestehen aus etwas rauen, kratzigen Lauten, die stereotyp und etwas hastig vorgetragen werden, aber durchaus einen gewissen Wohlklang haben. Vielleicht schwingt sich der Vogel sogar zu einem Singflug auf, bei dem die Strophe dann etwas länger ausgedehnt wird. Eine Dorngrasmücke markiert ihr Revier. Wie bei allen Grasmücken kann man auch von ihr einen leise schwätzenden Vorgesang hören, der offenbar ein Werbegesang für das Weibchen ist. Mit schnarrenden *trrt* oder mit sehr typischen, etwas gedämpft klingenden kehligen *woid-woid-woid* … äußern Dorngrasmücken ihre Erregung.

Dorngrasmücken wirken nur auf den ersten Blick unscheinbar. Mit 13–15 cm Körperlänge haben sie die übliche Grasmückengröße. Die Deckfedern der Flügel tragen breite rotbraune Säume, die im Kontrast zum grauen Rücken stehen. Und auch die weiße Kehle ist vom grauen Kopf abgesetzt – beim Männchen deutlich, vom eher braungrauen Kopf des Weibchens nur diffus. Lange helle Beine unterscheiden die Dorngrasmücke von der ebenfalls weißkehligen Klappergrasmücke.

Als Vögel des offenen Landes sind sie bei uns vor allem im Tiefland verbreitet, jedoch an vielen Stellen im Bestand zurückgegangen. Kleine Gruppen von Dornsträuchern, jüngere Hecken, junge Stadien des Waldaufwuchses oder Brachflächen sind ihre Lebensräume. Dorngrasmücken kommen ebenso an Bahndämmen und Straßenrändern, allerdings nicht in menschlichen Siedlungen vor. Vor allem warm sollte es im Sommer sein. Die Winterquartiere liegen in der afrikanischen Dornbuschsavanne und in Trockengebieten südlich der Sahara.

DIE KLAPPERGRASMÜCKE HAT EINEN GRAUEN KOPF, EINE WEISSE KEHLE UND EINE LAUTE KLAPPERSTROPHE.

Klappergrasmücke

Sylvia curruca

Meist verrät nur der laute Teil der Gesangsstrophe ihre Anwesenheit. Klappergrasmücken haben ihren Namen von ihrem lauten Reviergesang, der allenfalls aus einer etwas scheppernden, hölzern klingenden Tonreihe besteht. Das Klappern gehört zur Reviermarkierung, dabei gibt es unterschiedliche Strophentypen, die man auch nach Gehör unterscheiden kann. Ein schwätzender, meist viel leiser vorgetragener Werbegesang geht voraus, bevor das laute Klappern nahtlos angehängt wird. Die Sänger sitzen oft auf Singwarten, führen aber nur selten einen richtigen Singflug aus. Die üblichen grasmückenartigen kurzen Laute, wie *tak* oder *tettett*, werden auch von erregten Klappergrasmücken ausgestoßen.

Mit 11,5 – 13,5 cm sind Klappergrasmücken die kleinsten unserer vier häufigsten Grasmückenarten. Wie bei der Dorngrasmücke fällt vor allem beim Männchen die weiße Kehle auf, die sich gegen den grauen Kopf abhebt. Auf dem grauen Rücken gibt es allerdings keine rotbraunen Federn. Die Beine sind im Gegensatz zur Dorngrasmücke dunkel.

Klappergrasmücken brauchen Büsche. In dichten, geschlossenen Wäldern oder in Staudendickichten sucht man sie vergeblich. Sonst sind sie aber sehr vielseitig: Büsche in Friedhöfen, Parkanlagen und Gärten werden ebenso besiedelt wie Weinberge oder Wacholderheiden. Selbst aus den Latschen in der Krummholzzone an der Baumgrenze der Alpen kann man ihr Klappern vernehmen. In manchen Kleingartenflächen sind sie allerdings seltener geworden. Die Winterquartiere der Klappergrasmücken liegen im östlichen Afrika, Einzelne überwintern auch in Westafrika. Unsere Brutvögel ziehen in Südostrichtung ab, müssen dann allerdings irgendwo auf ihrem Weg nach Süden umschwenken.

SPERBERGRASMÜCKEN KOMMEN NUR IM NORDOSTEN DEUTSCHLANDS HÄUFIG VOR.

Sperbergrasmücke

Sylvia nisoria

Man muss singenden Grasmücken oft genauer zuhören, denn nicht immer ist nach dem ersten Eindruck klar, ob da eine Garten- oder eine Dorngrasmücke singt. Es gibt gelegentlich – allerdings im Westen Deutschlands im Allgemeinen nur sehr selten – noch eine dritte Möglichkeit: Sperbergrasmücken orgeln wie Gartengrasmücken, singen aber meist härter und rauer, mehr wie eine Dorngrasmücke. Außerdem führen auch Sperbergrasmücken wie die Dorngrasmücken häufig einen Singflug aus. Ganz wichtige akustische Hinweise auf diese seltene Grasmücke sind ratternde *trrrrrrrt*, von denen zumindest Bruchstücke auch in die Gesangsstrophen mit eingebaut werden.

Sperbergrasmücken sind mit einer Körperlänge von 15,5 – 17 cm die größten der bei uns brütenden Grasmücken. Nur die alten Männchen treten in der Sperberkleidung auf: mit grauer Oberseite und einer mit dichten dunklen Wellenzeichnungen bedeckten weißen Unterseite. Die Regenbogenhaut im Auge ist gelb. Bei jungen Männchen und Weibchen ist die Sperberung der Unterseite unvollständig oder fehlt ganz. Außerdem ist die Oberseite bräunlicher und die Augenfarbe matter. Jungvögel haben insgesamt mehr Braunanteile. In allen Kleidern erkennt man feine weiße Querbänder im Flügel.

Im Westen Deutschlands zählt die Sperbergrasmücke zu den ausgesprochenen Raritäten, die man nicht so häufig zu Gesicht bekommt. Aber schon ostwärts der Elbe ist sie ein verbreiteter Brutvogel. Allerdings scheinen die Bestände aus unbekannten Gründen stark zu schwanken. Extensiv genutzte Kulturlandschaft ist eine Grundbedingung, Gebüschgruppen, Feldgehölze und Hecken müssen außerdem hinzukommen. Halbtrockene Flächen sind besonders günstige Brutplätze.

DER FELDSCHWIRL: DIESEN EIFRIGEN SÄNGER BEKOMMT MAN NUR SELTEN ZU GESICHT.

Feldschwirl

Locustella naevia

Man sieht ihn kaum, und wenn er singt, hält man ihn nicht für einen Vogel. Heuschreckensänger hieß der Feldschwirl früher, und der lateinische Gattungsname leitet sich von Locusta ab, der Bezeichnung für Heuschrecke. Tatsächlich schwirrt der Feldschwirl wie ein Insekt in seiner Deckung sir'r'r'r'r'r'r'r . . ., minutenlang ohne Pause. Es klingt hölzern und trocken, eben wie von einer Heuschrecke oder Grille. Dauersänger hat man schon über zehn Minuten ohne Absatz schwirren hören, die Rekorde liegen bei mehr als einer Stunde. Da ist natürlich ausgefeilte Atemtechnik im Spiel. Manchmal ändern sich Lautstärke und Klangfarbe – die Reihe scheint dann an- und abzuschwellen. Der Vogel dreht während des Singens seinen Kopf, und bei Luftzug oder Wind entstehen unterschiedliche Hörqualitäten. In der Abenddämmerung und auch nachts singen Schwirle besonders gern.

12,5 – 13,5 cm ist der schlanke graubraune Vogel lang. Die Oberseite des Gefieders ist dunkel gestreift, die hellere Unterseite mit winzigen dunklen Flecken auf Kehle und Brust besetzt. Auch Oberkopf und Unterschwanz sind fein gestrichelt. Aber das sieht man kaum. Charakteristisch ist vielmehr die schlanke Gestalt mit dem relativ langen, an der Spitze gerundeten Schwanz. Wie eine Maus schlüpft der Vogel durchs Dickicht: Auf dem Boden läuft er langsam, aber blitzschnell rennt er in Deckung.

Offene Landschaften mit einer hohen Krautschicht und Büschen sind der Lebensraum des Feldschwirls. Trockene Standorte in Waldlichtungen, aber auch locker stehendes Landschilf in der Verlandungszone, der natürlichen Pflanzenfolge im Übergang vom Wasser zum Land, oder am Moor sowie extensiv genutzte Weideflächen genügen seinen Anforderungen.

VIELE MINUTEN LANG SINGT DER FELDSCHWIRL OHNE UNTERBRECHUNG WIE EINE HEUSCHRECKE.

EIN HELLER ÜBERAUGENSTREIF UND DUNKLER SCHEITEL SIND KENNZEICHEN DES SCHILFROHRSÄNGERS.

Schilfrohrsänger

Acrocephalus schoenobaenus

Aus der dichten Vegetation um einen See oder in einer nassen, buschbestandenen flachen Senke im Moor – weniger aus dem Schilf, wie der Name des Vogels andeutet – klingt der eilig schwätzende Gesang des Schilfrohrsängers. Manchmal schwingt sich ein singendes Männchen auch zu einem Singflug auf. Der Vortrag klingt hastig, manchmal kratzend und gepresst, dann werden wieder hohe reine Pfeiftöne eingestreut. In Silben ist das nur unvollkommen wiederzugeben, etwa wie *zrüzü-trett zrüzüzü psit trrrett treett pirrrrr rürrrr* ***wi-wi-wi*** *lülü zrett zrett* ... Schilfrohrsänger halten sich nicht an den Takt und schwätzen drauflos, klangreine Pfeiftöne gibt es in ihren Strophen seltener als raue kratzende und auch metallisch klingende Silben.

11,5–13 cm beträgt die Körperlänge. Im Umriss des kleinen Vogels fällt der flache Kopf auf, der auch die wichtigsten Artmerkmale trägt: Durch das Auge läuft ein schmaler dunkler Strich, darüber ein weißlicher oder leicht braun gelblicher breiter Überaugenstreif, der einen diffus braun gestreiften Scheitel einrahmt. Das lichtbraune Gefieder ist auf der Oberseite mit dunklen Längsstrichen gemustert. Damit zählt der Schilfrohrsänger bereits zu den auffällig gezeichneten Rohrsängern, bei denen sonst eine einheitlich bräunliche Färbung die Regel ist.

Feuchte Flächen mit großen Seggen an dicht bewachsenen Ufern, schilfbestandene Gräben oder buschreiche Niedermoore sind der Lebensraum des Schilfrohrsängers. Solche Plätze werden immer seltener bei uns, und so steht die Art mittlerweile auf der Vorwarnliste der gefährdeten Brutvogelarten. Im April kommen unsere Brutvögel aus ihren Winterquartieren in Afrika südlich der Sahara zurück.

DER TEICHROHRSÄNGER KLETTERT IM SCHILF UND SINGT TAKTFEST.

Teichrohrsänger

Acrocephalus scirpaceus

Den Teichrohrsänger könnte man als den Rapkünstler unter den Vögeln bezeichnen, denn sein Vortrag hat die Merkmale eines rhythmischen Sprechgesangs. In gemächlichem Tempo werden die Silben taktsicher mit geringen Unterschieden in der Tonhöhe vorgetragen und jeweils zwei- bis dreimal wiederholt. Die meisten Silben klingen rau und kratzend, dazwischen finden sich auch klangreine Pfeiftöne. *Trett trett trett* **tiri tiri** *trü trü trü wiwi wiie tr tr tür trü …* plaudert der Sänger dahin, nur selten das Tempo etwas beschleunigend. Der Vogel sitzt meist versteckt in Schilfhalmen.

In einheitlich hellem Braun ohne besondere Abzeichen und mit hellerer Unterseite präsentiert sich der schlanke 12,5 – 14 cm lange Teichrohrsänger fast immer an senkrechten Halmen, an denen er geschickt herumturnt. Nur auf dem Durchzug kann man ihn gelegentlich auch in einem Busch sitzen sehen. Ein schwacher Überaugenstreif ist das einzige Merkmal, das bei genauem Hinsehen auffällt.

Teichrohrsänger brüten normalerweise an Seeufern mit großen und dichten Schilfwäldern, besiedeln aber auch kleinere Schilfhorste an Bächen, Flüssen oder in sumpfigen Flächen. Die Halme müssen allerdings dicht stehen. Teichrohrsänger klettern nicht nur fortwährend an senkrechten Halmen, auch ihr kunstvoll mit Schilfhalmen verwobenes Nest hängt meist über dem Wasser. Aus der tiefen Nestmulde können Eier und Junge nicht herausfallen, wenn sich die tragenden Halme im Wind bewegen. Die Anpassung an das Leben zwischen senkrechten Stangen hatte Erfolg: Teichrohrsänger sind die verbreitetsten Schilfbewohner bei uns und erfreulicherweise noch nicht gefährdet. Im April kommen sie aus ihren Winterquartieren in Zentralafrika zurück.

PERFEKTER STIMMENIMITATOR IM BUSCH: DER SUMPFROHRSÄNGER

Sumpfrohrsänger

Acrocephalus palustris

In einem Busch singen nacheinander Bluthänfling, Amsel, Dorngrasmücke und Blaumeise. Wenn sich dann noch eine Rauchschwalbe und eine Wachtel melden, wird die Sache verdächtig. Es handelt sich nämlich nur um einen einzigen Vogel, der diese Arten nacheinander täuschend echt imitiert: den Sumpfrohrsänger – den größten Imitationskünstler unserer Vogelwelt. Die Nachahmung von 212 Vogelarten hat man ihm nachgewiesen, darunter Stimmen von 113 Arten, die gar nicht bei uns vorkommen. Sumpfrohrsänger müssen sie in den afrikanischen Durchzugsgebieten aufgeschnappt haben. Alles wird in flottem Tempo vorgetragen, so als ob der Sänger pausenlos neue Einfälle hätte. Dazwischen hört man auch gelegentlich Laute, die vielleicht keine Nachahmungen sind, aber man ist sich nicht sicher, ob Sumpfrohrsänger überhaupt über arteigene Laute verfügen.

Die Unterschiede zwischen Teich- und Sumpfrohrsänger sind minimal. Man kann die beiden Arten optisch nicht unterscheiden, es sei denn, man hat einen Vogel in der Hand und kann die Längenverhältnisse der Schwungfedern vergleichen. Klarheit schafft allenfalls der Gesang – und der Lebensraum: Sumpfrohrsänger leben nicht im Schilf.

Auf offenen mit Büschen bestandenen Flächen, in denen sich eine dichte Hochstaudenflur entwickeln kann, halten sich die Vögel auf. Sie sind zwar keine ausgesprochenen Halmkletterer, hängen ihr Nest aber ebenfalls an senkrechten Stängeln auf. Statt der Schilfhalme sind es Brennnesseln oder Mädesüß, und auch in Rapsfeldern haben Sumpfrohrsänger Einzug gehalten. Früher brüteten sie zudem in Getreidefeldern, die heutigen Getreideschläge sind allerdings nicht mehr für sie geeignet. Erst im Mai kommen Sumpfrohrsänger aus dem südlichen Afrika zurück.

DER DROSSELROHRSÄNGER IST EIN GROSSER KRAKEELER IM DICHTEN SCHILF.

Drosselrohrsänger

Acrocephalus arundinaceus

Lautstark schmettert ein Vogel im Schilf, und zwar dort, wo es am dichtesten steht. Mit etwas Geduld lässt sich der Sänger vielleicht blicken, denn singende Drosselrohrsänger klettern an hohen Schilfhalmen oft bis zur Höhe der Rispen hinauf. Von dort schmettern sie mit weit geöffnetem Schnabel ihren Gesang. Ähnlich wie Teichrohrsänger halten auch Drosselrohrsänger den Takt, springen aber im angeschlagenen Rhythmus unvermittelt von der Tiefe ins Falsett. *Trrr trrr karra-karra-karra* ***kriie kriie kriie*** ... klingt es tief und klangvoll, dann übergangslos mit sich fast überschlagender hoher Stimme. Der Gesang ist weit zu hören. Auch mit tiefem *krrak* oder hart rollendem *krrrr* melden sich Drosselrohrsänger aus dem dichten Halmgewirr.

Mit 16–20 cm Körperlänge sind Drosselrohrsänger unsere größten Rohrsänger. Als größere Version des Teichrohrsängers sind sie ebenfalls einheitlich braun mit einer etwas helleren Unterseite. Im Verhältnis zum Körper wirken Kopf und Schnabel groß. Ein heller Überaugenstreif ist meist gut zu erkennen. Mit kräftigen Beinen klettern die stattlichen Vögel wie die Teichrohrsänger geschickt im dichten Halmwald.

Im Brutgebiet der Drosselrohrsänger muss das Schilf im Wasser stehen. Die Vögel sind auf die höchsten und kräftigsten Halmkomplexe am wasserseitigen Rand einer Verlandungszone angewiesen, in denen auch im Frühjahr vor allem noch vorjährige Schilf- und Rohrkolbenbestände vorhanden sind. Das Napfnest wird wie beim Teichrohrsänger in kräftige Halme eingeflochten und steht über dem Wasser. Schilfwälder, wie sie der große Rohrsänger braucht, gehen an vielen Seen immer stärker zurück. Der Drosselrohrsänger steht daher bei uns auf der Vorwarnliste der gefährdeten Vögel.

Gelbspötter

Hippolais icterina

Wenn Gärten noch etwas verwildert und damit wirklich ökologisch sind, lässt sich ab Ende April oder Anfang Mai vielleicht ein unscheinbarer schlanker Vogel mit einem ausdauernden und vielfältigen Gesang vernehmen, den man nur schwer einordnen kann. Gelbspötter tragen ein Lied vor, in dem nasale, quäkende oder kratzende Laute mit Pfeiftönen abwechseln. Manchmal klingt der Vortrag etwas jammernd und beleidigt, dann wieder munter und beschwingt. Die Rufe des Sängers, die er gelegentlich auch in seinen Gesang einbindet, klingen dreisilbig wie *de-de* ***hüi***. Erregt melden sich die Vögel mit kurzen *te*, bei Gefahr mit längerem Zetern *tettettettett*. Spotten nennt man bei Vögeln die Nachahmung anderer Vogellaute. Spöttern traut man diese Fähigkeit zu, aber beim Gelbspötter ist sie nicht besonders stark entwickelt, jedenfalls macht er wenig Gebrauch davon. Imitationen, die in den Gesang eingeflochten werden, beschränken sich meist auf kurze Rufe. Es war wohl der motivreiche sprudelnde Gesang, der den Eindruck großer Vielseitigkeit und auch der Nachahmung erweckte und zu dem Namen führte. Sumpfrohrsänger oder Star laufen jedenfalls mit ihren Leistungen im Spotten dem Gelbspötter leicht den Rang ab.

Mit 12–13 cm Körperlänge sind die schlanken Gelbspötter etwa so groß wie die kleinen Rohrsänger. Sie wirken schlank und sind auf der Oberseite hell graugrün, auf der Unterseite hell zitronengelb. Jungvögel sehen etwas blasser aus. Außer einem sehr kurzen hellen Überaugenstreif sind keine besonderen Merkmale zu erkennen. Ein wichtiger Unterschied zu den einfarbigen Rohrsängern ist die Grundfärbung, zu den kleinen grünlichen Laubsängern dagegen die Größe. Die kleinen unscheinbaren Insektenfresser, die im Laub umherhuschen, sind ohne Lautäußerungen oft schwer zu identifizieren.

Die Nester der Gelbspötter sind kleine, sorgfältig aus Grashalmen und Pflanzenfasern geflochtene Näpfe. Sie stehen in höheren Sträuchern oder Laubbäumen auf einem Ast oder sind auch nach Rohrsängerart in Astquirle, sternförmig um einen Stamm angeordnete Äste, eingeflochten und aufgehängt. Geeignete Brutplätze finden die Vögel vor allem in buschreichen Auwäldern, Gehölzen oder lichten Laubwäldern, aber auch in Parks, Friedhöfen und großen Gärten, in denen die Büsche nicht jedes Jahr gestutzt werden. Gelbspötter lesen dort kleine Insekten von den Blättern und Zweigen der Sträucher und Bäume ab. Wie bei vielen Insektenfressern werden im Herbst auch Beeren zu einem wichtigen Teil der Nahrung. Für Gelbspötter spielt das allerdings eher auf ihrem Zug ins Winterquartier eine Rolle. Ab Mitte April kommen sie aus dem tropischen Afrika wieder zurück.

DER SPRUDELNDE GESANG IM GARTEN STAMMT VOM GELBSPÖTTER.

DIE WEICHE FLÖTENDE STROPHE DES FITIS IST AB APRIL AUS BÜSCHEN ZU HÖREN.

Fitis

Phylloscopus trochilus

Kleine, rastlos durch die Blätter flitzende grünliche Laubsänger sind nicht leicht zu beobachten und auch schwer voneinander zu unterscheiden. Ihre Gesänge machen es aber leicht, ihre Anwesenheit festzustellen und die Arten auseinanderzuhalten. Der Fitis singt eine Strophe von absteigenden Pfeiftönen, die etwa drei Sekunden dauert und oft wiederholt wird. Sein Lied klingt etwas wehmütig. Die Rufe sind weicher als die des zum Verwechseln ähnlichen Zilpzalps. Fitisse rufen eher zweisilbig *hüit*. Nicht immer kann man diese Rufe allerdings sicher von den kürzeren des Zilpzalps unterscheiden.

Mit 11–12,5 cm Körperlänge ist der Fitis ein kleiner zarter Vogel. Seine Oberseite ist bräunlich grün, Kehle und Brust sind gelblich weiß. Bei Jungvögeln im Herbst ist die Unterseite lebhafter gelblich. Im Vergleich zum Zilpzalp machen ein heller Überaugenstreif und ein deutlicherer Streif durch das Auge das Gesicht etwas markanter. Fitisse haben in der Regel helle Beine. Die Unterschiede sind aber nur gering und nicht immer einwandfrei zu erkennen, denn es gibt auch Variationen in der Färbung.

Fitisse leben in Wäldern mit nicht zu dichtem Kronenschluss der Bäume, an Waldrändern, in Auwäldern, oft auch in nicht zu dichtem Gebüsch ohne Bäume und in kleinen Baum- und Buschinseln. Sie sind ausgesprochen häufig an den feuchten Stellen eines durchsonnten Weidengebüschs oder an Flüssen und Seeufern, in Parks und Gärten zu finden, jedoch weniger häufig als der Zilpzalp. Manchmal singen sie auch auf dem Durchzug. Ihr Winterquartier liegt in Afrika südlich der Sahara. Sie kommen daher im Frühjahr etwas später als der Zilpzalp zurück. Ab Anfang April kann man mit ihnen rechnen. Im September findet der Abzug statt.

DER ZILPZALP HAT SICH MIT SEINEM LIED EINEN NAMEN GEMACHT.

Zilpzalp

Phylloscopus collybita

Der Gesang gibt ihm seinen Namen – nicht nur im Deutschen, sondern auch in anderen europäischen Sprachen. Die Engländer nennen den Zilpzalp Chiffchaff, die Niederländer Tjiftjaf und die Finnen Tiltalltti. Sein Gesang ist eine unverwechselbare taktfeste Folge von meist einsilbigen Lauten in zwei oder drei Tonhöhen: *fzifzü fzifzü* … oder *zilpzalp zilpzalp* …, für jedermann leicht im Ohr zu behalten. Dazwischen werden ab und zu einige harte *trrt trrt* … eingeschaltet, die aber den Gesang nicht wirklich unterbrechen. Die Rufe sind ähnlich wie beim Fitis *hüit*, aber in der Regel am Ende mehr betont. Sie klingen daher kürzer als beim Fitis und fast einsilbig. Von den Jungvögeln hört man im Hochsommer und Herbst einsilbige *twiip*.

Größe und Aussehen gleichen dem Fitis. Zilpzalpe wirken mit einer Körperlänge von 10–12 cm geringfügig kleiner, aber auch etwas kompakter als Fitisse. Ihre Oberseite ist bräunlich graugrün, die Unterseite weißlich mit unterschiedlichem Anflug von Gelb. Das Gesicht ist etwas dunkler, sodass die untere Hälfte des weißen Augenrings deutlicher sichtbar wird. Der wenig markante Überaugenstreif ist kurz, die Beine sind dunkel.

Der Zilpzalp ist wie der Fitis ein verbreiteter Brutvogel bei uns und wohl der häufigere von beiden. Jedenfalls ist er in seinen Ansprüchen an den Lebensraum der vielseitigste unserer Laubsänger. Er kommt in Laub-, Misch- und auch Nadelwäldern vor, in Parkanlagen, Friedhöfen und Gärten, selbst wenn dort nur wenige Bäume stehen. Zilpzalpe sind Zugvögel, die aber nur bis in die Mittelmeerländer und nach Nordafrika wandern. Immer mehr Einzelvögel versuchen auch, bei uns den Winter zu verbringen. Die Zugvögel kommen etwa ab Mitte März zurück.

IM BUCHENWALD SCHWIRREN DIE WALDLAUBSÄNGER.

Waldlaubsänger

Phylloscopus sibilatrix

Im schattigen Buchenwald mit geschlossener Kronenschicht hört man ein sanftes *djü*, manchmal auch in großen Abständen wiederholt. Es ist nicht leicht, den Rufer im Blättergrün ausfindig zu machen. Doch wenn sich die gedehnten *djü* zu einer intensiv beginnenden Reihe von *tüh tüh tüh tüh thü* ... steigern, die dann langsam wieder verklingt, hat der Waldlaubsänger schon einen seiner beiden Gesangstypen vorgetragen, der eine Verwechslung etwa mit dem Ruf eines Gimpels ausschließt. Meist dauert es dann auch nicht mehr lang, bis der Waldlaubsänger den spektakulären Teil seines Repertoires zum Besten gibt. In einem schwebenden Singflug nimmt er mit einer Reihe von *zip zip zip zip* gewissermaßen einen stimmlichen Anlauf. Die Silben werden immer schneller und steuern dann in einem Schwirrer *zipzipzipsirrrrr* ... auf das Finale zu. Vor diesem abschließenden Schwirrer hat der Waldlaubsänger aber schon wieder einen Ast erreicht. Er schwirrt also nach geglückter Landung im Sitzen. Waldlaubsänger ziehen es nicht zuletzt wegen dieser Art der Reviermarkierung vor, wenn die Bäume nicht zu dicht stehen und unter dem Kronendach genügend freier Raum zwischen den Stämmen existiert, aber auch kleine nicht oder wenig belaubte Zweige als Singwarten vorhanden sind.

11–12,5 cm beträgt auch die Körperlänge der Waldlaubsänger, die aber nicht zuletzt wegen ihrer längeren Flügel im Profil etwas kompakter und kurzschwänziger als die des Fitis und Zilpzalps wirken. Die Oberseite ist grün mit einigen hellen Federsäumen, der gelbe Überaugenstreif lang und deutlich. Wangen, Kehle und Vorderbrust sind zitronengelb und von der weißen Unterseite quer abgesetzt. Waldlaubsänger sind also optisch gut von Zilpzalp und Fitis zu unterscheiden.

In Gärten lassen sich Waldlaubsänger höchstens auf dem Durchzug kurz sehen. Bei uns entsprechen offensichtlich Buchenwälder am besten ihren Anforderungen an den Lebensraum, aber auch andere Hochwälder werden besiedelt. Wie bei allen Laubsängern sind die backofenförmigen Nester mit Dach und seitlichem Eingang am Boden versteckt. Ihre Nahrung, Insekten und Spinnentiere, suchen Waldlaubsänger dagegen in größerer Höhe im Kronendach oder zwischen den Ästen von Bäumen. Ihre Zukunft hängt bei uns wie bei vielen anderen typischen Waldvögeln größtenteils von der Entwicklung der Waldbewirtschaftung ab. Im April kommen die Vögel aus ihren Winterquartieren im äquatorialen Regenwald und der Feuchtsavanne Afrikas zurück, und spätestens Anfang September sind sie wieder abgezogen.

NICHT ALLE MENSCHEN KÖNNEN DIE FEINEN STIMMCHEN DER WINTERGOLDHÄHNCHEN HÖREN.

Wintergoldhähnchen

Regulus regulus

Goldhähnchen sind die kleinsten Vögel Europas und wiegen nur etwa fünf bis sieben Gramm. Aus den dichten Ästen einer Fichte hört man hohe feine *si si* und auch mal ein längeres scharfes *sri sri sri*. Da noch Winter ist, handelt es sich wohl um Wintergoldhähnchen, die den Kontakt zueinander pflegen oder auch eine Bedrohung anzeigen. Man kann die feinen Rufe unserer beiden Goldhähnchen nicht so leicht voneinander unterscheiden, aber ihre dünnstimmigen Liedchen geben den eindeutigen Hinweis. *Zisi zisi siserisisiserisi sizisozirrrlo* – der Gesang des Wintergoldhähnchens bewegt sich wie in kleinen Wellen durch unterschiedliche Tonhöhen und endet dann in einem energischen kleinen Roller. Sowohl Rufe als auch Gesang sind so hoch, dass viele ältere Menschen sie nicht mehr hören können.

Die kleinen kompakten rundlichen Vögel messen 9 cm. In dem großen Kopf sitzen große dunkle Augen. Das Gefieder wirkt insgesamt grünlich mit grauem Schimmer an einigen Stellen. Auf dem Flügel fällt eine breite weiße Binde in einem dunklen Feld auf. Weibchen haben einen gelben, Männchen einen mehr orangegelben Scheitelstreif. Er ist schwarz begrenzt und nur gut zu sehen, wenn die Vögel, die sich quirlig in den dichten Fichtenzweigen bewegen, ihr Kopfgefieder etwas aufstellen.

Wintergoldhähnchen sind auf Fichten zu Hause und bevorzugen alte, mit Flechten behangene Bäume im Wald. Sie dringen aber auch in Parkanlagen und Gärten vor – meist je nach Wetterlage auf ihren Wanderungen im einbrechenden Winter. Dann kann man sie auch vorübergehend in Laubbäumen und -büschen sehen. Nadelbäume sollten allerdings immer in der Nähe sein. Wintergoldhähnchen sind das ganze Jahr bei uns, begeben sich aber auf kurze Wanderungen.

SOMMERGOLDHÄHNCHEN SINGEN ETWAS KRÄFTIGER ALS WINTERGOLDHÄHNCHEN.

Sommergoldhähnchen

Regulus ignicapilla

Die Lautäußerungen des Sommergoldhähnchens sind nur geringfügig kräftiger als beim Wintergoldhähnchen. *Züü zü-zi-zi* klingen ihre Rufe. Die Strophe des Gesangs bewegt sich nicht auf und ab, sondern setzt leise ein und wird gleitend lauter und etwas höher, bis ein kurzer Triller sie beendet, etwa *zü-si-si-si-si-si-si … zirr*. Insgesamt sind die Lautäußerungen von Sommergoldhähnchen ein wenig tiefer als die des Wintergoldhähnchens, aber ebenfalls für manche Menschen kaum hörbar.

Beide Goldhähnchen sind etwa gleich groß und in ihrer Figur so ähnlich, dass man sie ohne Übung bei ihren raschen Bewegungen nicht auf den ersten Blick unterscheiden kann. Neben dem Gesang gibt es aber markante Unterschiede im Gefieder. Sommergoldhähnchen haben einen kräftigen weißen Überaugenstreif und einen schwarzen Streif durch das Auge, also ein viel lebhafteres Kopfmuster. Das dunkle Auge bestimmt nicht so deutlich das Gesicht wie beim Wintergoldhähnchen. Die Halsseiten sind grünlich gelb. Die Umrandung des Scheitelstreifs, der beim Männchen orangefarben und oft bei angelegten Federn sichtbar ist, zieht sich über die Stirn.

Auch Sommergoldhähnchen lieben die Fichten, sind aber etwas vielseitiger in der Wahl ihres Lebensraums als Wintergoldhähnchen. Sie brüten außerdem in Mischwäldern und kommen häufiger in Parkanlagen und Gärten vor. Ein paar in Laubgehölze eingesprengte Fichten genügen ihnen schon. Gelegentlich begegnet man ihnen auch in reinen Laubgehölzen. Die meisten Sommergoldhähnchen überwintern in West- und Südeuropa und sind bei uns von März bis Oktober zu sehen. Einzelnen kann man in milden Gegenden sogar im Winter begegnen.

Trauerschnäpper

Ficedula hypoleuca

Als rastlose kleine Vögel, die fortwährend mit den Flügeln zucken und mit dem Schwanz schlagen, machen sich Trauerschnäpper bemerkbar. Von einem Aussichtsplatz auf einem Ast fliegt ein Vogel hastig auf und kehrt nach einer kurzen Strecke durch die Luft mit einem Insekt im Schnabel in einer Schleife in die Nähe zurück. Kurze metallische *pik*, sehr typisch in der Klangfarbe, verraten die Anwesenheit der Trauerschnäpper – auch wenn die Männchen nicht mehr singen, wie etwa im Herbst auf dem Durchzug. Der Gesang des Männchens ist laut und deutlich, eine Strophe von etwa zwei Sekunden mit ständigen kleinen Sprüngen in der Tonhöhe: *tsi writsü writsü writsü tsr tsr tjüwi tjüwi tsi tsi tsi.*

12–13,5 cm misst der kompakte Vogel. Im Prachtkleid ist das Männchen auffallend schwarzweiß. Auf der einheitlich schwarzgrauen Oberseite fällt ein großes weißes Flügelfeld auf, die Unterseite ist reinweiß. Bei den Weibchen und allen Vögeln im Schlichtkleid ist die Oberseite braun und das weiße Flügelfeld viel kleiner. Es gibt aber auch Männchen im Frühjahr, deren Oberseite ähnlich wie bei den Weibchen braun ist. Man kann sie dennoch als Männchen erkennen, wenn man ihnen ins Gesicht sieht: Die Stirn ist wie bei den prächtigen schwarzweißen Männchen ein kleiner weißer Fleck, der durch einen dunklen Strich geteilt wird.

Erst ab Mitte April kommen Trauerschnäpper von ihren Winterquartieren im tropischen Afrika wieder zurück. Ihre Brutplätze liegen in Laub-, Misch- und Nadelwäldern. Sie sind Höhlenbrüter und daher auf alte Bäume mit Astlöchern oder auf das Angebot an Spechthöhlen angewiesen. Bei uns spielen heute Nistkästen eine entscheidende Rolle in ihrer Verbreitung. Mit den Nistkästen sind Trauerschnäpper auch in Parkanlagen, Friedhöfe und Gärten eingezogen, selbst in Städte haben sie sich vorgewagt. Da sie aber erst relativ spät hier eintreffen, sind viele Nistkästen schon von Meisen besetzt. Manchmal helfen sich Trauerschnäpper damit, dass sie eine bereits besetzte Bruthöhle rücksichtslos für sich beanspruchen und ihre Nester über die begonnenen Gelege der Vormieter bauen. Wenn das Weibchen auf den Eiern sitzt, suchen sich manche Männchen ein neues Revier und ein zweites Weibchen, kehren dann aber meist wieder zu ihrem ersten Weibchen zurück. Neue, vor allem molekulargenetische Untersuchungen haben gezeigt, dass »Seitensprünge« bei vielen bisher als monogam eingeschätzten Vögeln regelmäßig vorkommen – und zwar bei beiden Geschlechtern. Dadurch kann eine Verteilung der Gene auf mehrere Nachkommenlinien erreicht werden.

TRAUERSCHNÄPPER HABEN SICH DURCH NISTKÄSTEN AUSBREITEN KÖNNEN.

KOHLMEISEN ZÄHLEN ZU UNSEREN BEKANNTESTEN GARTENVÖGELN.

Kohlmeise

Parus major

Die Kohlmeise kennt wohl jeder. Sie ist zum Prototyp der Meise am Futterhaus und im Nistkasten geworden und neben der Amsel zum Vogel vor der Haustür. Das hat mehrere Ursachen: Sie ist häufig, wenig scheu, schön anzusehen, sehr stimmfreudig und hatte lange Zeit den Ruf, als Insektenvertilger ein willkommener Nützling zu sein. Insekten, vor allem Raupen im Sommer, fressen sie und ihre Jungen natürlich auch heute noch, aber das Wissen über die Abläufe in der Natur hat inzwischen einseitiges Nützlichkeitsdenken überholt. Das Meisenlied erklingt im Winter bereits mit den ersten Sonnenstrahlen. Neben dem allbekannten *zi zi* ***bä*** lassen Kohlmeisen ganz unterschiedliche Strophentypen hören: *zi* ***tüit***, ***tü*** *ti* ***tü*** *ti* oder viersilbig *zi zi* ***bä bä*** sind nur einige von ihnen. Manchmal singen Kohlmeisen auch wie Tannenmeisen ***zi*** *de* ***zi*** *de*, nur ihre kräftigere Stimme lässt einen Unterschied erkennen. Auch in den Rufen sind Kohlmeisen sehr vielseitig, man muss regelrecht aufpassen, nicht von ihnen getäuscht zu werden. Häufig ist ein *pink* wie von einem Buchfinken oder ein *zi dä dä* wie von einer Sumpfmeise zu hören. Zeternde Kohlmeisen äußern sich mit *dschä dschä dschä* oder *dä dä dä* und ahmen mit *dscherrrrr rededed* auch den Schnurrer von Blaumeisen nach.

Mit 13,5 – 15 cm ist die Kohlmeise unsere größte Meise und kann eigentlich mit keinem anderen Vogel verwechselt werden. Die Unterseite, über die ein schwarzer Strich läuft, leuchtet gelb. Auf dem glänzenden schwarzen Kopf ist ein großes weißes Wangenfeld und unterhalb der grünen Oberseite ein weißes Band im blaugrauen Flügel zu erkennen. Die Männchen unterscheiden sich von den Weibchen auf der Unterseite durch ein lebhafteres Gelb und einen breiteren schwarzen Mittelstrich. Jungvögel sind matter gefärbt. Ihr weißes Wangenfeld ist noch nicht vollständig schwarz eingerahmt.

Kohlmeisen kommen überall vor, wo ein paar Bäume stehen. Sie ernähren sich im Sommerhalbjahr von Insekten, im Winter überwiegend von Samen. In der kalten Jahreszeit sind sie häufige Gäste am Futterhaus. Viele Kohlmeisen brüten heute in Nistkästen, sie wählen ihre Nistplätze aber auch in vielen anderen Höhlungen, wie Spechthöhlen, Astlöchern, Mauerlöchern und Felsspalten. Aufsehen erregen immer wieder die Bruten in Briefkästen. Kohlmeisen zählen zu den am besten erforschten frei lebenden Tieren. Langjährige Forschungsprojekte haben zu weitreichenden Erkenntnissen über die Zusammensetzung und das Schicksal von Populationen sowie die individuelle Weitergabe von Genen über Generationen hinweg geführt. Im Winter streifen Kohlmeisen oft in Gesellschaft von anderen Meisen umher.

LINKS EIN KOHLMEISENWEIBCHEN UND RECHTS EIN MÄNNCHEN: SIE UNTERSCHEIDEN SICH DURCH DEN SCHWARZEN LÄNGSSTRICH AUF DEM BAUCH.

TANNENMEISEN HABEN KEIN GELB IM GEFIEDER.

Tannenmeise

Parus ater

Auf den ersten Blick wirken Tannenmeisen wie eine kleine Ausgabe der Kohlmeise. Neben typischen Gefiedermerkmalen sorgen aber auch deutliche Unterschiede in den Lautäußerungen dafür, dass man Tannenmeisen eindeutig erkennen kann. Grundsätzlich ist die Stimme der kleinen Meise dünner als die der Kohlmeise. Tannenmeisen melden sich mit feinem, etwas nasal klingendem *zih*. Im dichten Nadelwald klingen ihre verkürzten *si* manchmal fast wie die Rufe der Goldhähnchen. Das Lied ist eine einfache, schnell wiederholte Folge zweier miteinander abwechselnder Silben, wie *zwize zwize* … oder *sitjü sitjü*, manchmal auch dreisilbig und dann etwas stolpernd *zewitze zewitze* … In einem dunklen Fichtenwald sind die feinen Stimmen der Tannenmeise manchmal die einzigen Laute, die man hört.

Mit 10–11,5 cm Körperlänge ist die Tannenmeise unsere kleinste Meise. Wie die Kohlmeise trägt sie ein weißes Wangenfeld auf dem schwarzen Kopf, wirkt aber sonst recht farblos. Der große Kopf hat im Nacken noch ein längliches weißes Feld. Am Hinterkopf ist manchmal bei Erregung eine kleine Federhaube zu erkennen. Auf der blaugrauen Oberseite sieht man ein weißes Flügelband und eine kleine weiße Fleckenreihe an der Schulter. Die Unterseite ist durchgängig graubeige. Im Flug fällt der im Vergleich zur Kohlmeise relativ kurze Schwanz auf.

Tannenmeisen sind weit verbreitet und vor allem in großen Fichtenwäldern oft mit Abstand die häufigste Meise. Auch sie sind Höhlenbrüter und auf Baumhöhlen angewiesen. Gegenüber größeren Konkurrenten können sie mit kleinen Einfluglöchern zurechtkommen, was ihnen besonders bei den angebotenen Nistkästen nützt, die Tannenmeisen wie Kohl- und Blaumeisen häufig annehmen. In manchen Wäldern weichen Tannenmeisen außerdem regelmäßig in Wurzel- und Bodenlöcher aus. Auch in Felsspalten oder Steinmauern können sie einziehen, zu große Innenräume werden dort mit Moos aufgefüllt. Tannenmeisen leben nicht nur in reinen Fichtenwäldern, sondern haben auch in Nistkästen von Parkanlagen, Friedhöfen und Gärten Einzug gehalten. Selten kommen sie allerdings in reinen Laubbaumbeständen vor. Wie alle Meisen sind auch Tannenmeisen in der Regel Standvögel, doch kommt es bei ihnen von Zeit zu Zeit zu weit führenden Wanderungen, ausgelöst von einem geringen Nahrungsangebot, das manchmal zu kleinen Invasionen führt. Im Winter schließen sich Tannenmeisen häufig gemischten Trupps mit anderen Meisen, Kleibern, Baumläufern und Goldhähnchen an und finden sich auch an Futterstellen im Garten ein.

Blaumeise

Parus caeruleus

»Niedlich« ist der Ausdruck, mit dem eine Blaumeise am häufigsten beschrieben wird. Farbe, Gestalt und Verhalten machen den kleinen Vogel jedermann sympathisch. Am häufigsten hört man als Rufe ein schnelles *sisisisüdu* oder einfach nur kurz *sisisi*. Wenn sie erregt sind, schimpfen Blaumeisen mit *zerrrrertetet*. Die Blaumeisenstimme ist höher und feiner als die der Kohlmeise. Das gilt auch für den Gesang. Mit gedehnten hohen *siiih siiih* setzt die Strophe ein und wird mit einem silberhellen Triller *sürrrr* in etwas geringerer Tonhöhe abgeschlossen. In Rufrepertoire und Strophenvielfalt können es Blaumeisen aber mit Kohlmeisen nicht aufnehmen.

Mit 10,5 – 12 cm Körperlänge sind Blaumeisen merklich kleiner als Kohlmeisen. Sie wirken kompakt mit einem kleinen Kopf, der scheinbar ohne Hals auf dem Körper sitzt. Auffällig ist der winzige Schnabel, mit dem Blaumeisen erstaunliche Kraft beim Zusammenzwicken der Schnabelhälften entwickeln können. Die Kopfkappe ist blau, bei den Männchen etwas intensiver als bei den Weibchen. Inzwischen weiß man, dass sie auch in dem für uns unsichtbaren ultravioletten Bereich reflektiert und daher den Weibchen offenbar eine breite Auswahl an Männchen anbietet. Das allein entscheidet die Partnerwahl allerdings nicht. Das Gesicht ist größtenteils weiß, durch das Auge läuft ein schmaler dunkler Streifen, und die Wangen sind von dunkelblauen Säumen eingerahmt. An der gelben Unterseite ist nur ein schmaler dunkler Längsstrich am Bauch zu erkennen. Der Rücken ist grünlich von den blauen Flügeln abgesetzt. Auch der im Vergleich zur Kohlmeise kürzere Schwanz ist blau. Bei Jungvögeln ist das Blau auf dem Kopf mehr grünlich, das Gesicht gelblich und noch nicht vollständig von blauen Säumen umgeben.

Blaumeisen sind Vögel der Laubwälder und lichten Baumbestände. Bei uns leben sie heute in vielen unterschiedlichen Lebensräumen, nicht zuletzt als Folge der zahlreichen Nistkästen, die in Parks, Friedhöfen und Gärten angebracht sind. Außerhalb der Brutzeit suchen sie auch Biotope auf, in denen sie nicht brüten – so zum Beispiel das Schilfröhricht zur Nahrungssuche. Gelegentlich gehen sie auf weitere Wanderungen und brechen dann in manchen Gebieten invasionsartig ein. An solchen Bestandsbewegungen sind vor allem Jungvögel beteiligt. Durch Abwanderungen, aber auch durch harte schneereiche Winter kann es zu auffallenden Bestandsfluktuationen kommen, die aber in menschlichen Siedlungen mit reichem Futterangebot meist ausbleiben. Blaumeisen turnen bei der Nahrungssuche oft an kleinen Zweigen oder auch an hängendem Winterfutter.

DIE ZIERLICHEN BLAUMEISEN TURNEN GESCHICKT AN DÜNNEN ZWEIGEN.

HAUBENMEISEN LEBEN IN NADELWÄLDERN.

Haubenmeise

Parus cristatus

Ein zarter Triller im dichten Nadelwald verrät die Haubenmeise. Sie hat im Vergleich zu anderen Meisen kein großes Repertoire an Motiven zu bieten und kennt eigentlich nur zwei Elemente: ein hohes *zi* und ein trillerndes *gürrrr*. Beide werden einzeln vorgebracht, bei Erregung oft auch zusammen oder in dichter Folge *zigürrr gürrr* … Aus den beiden Elementen wird ebenfalls der Gesang zusammengesetzt, bei dem in schneller Reihe *zizi gürrrr zizi gürrr* … gesungen wird. Kombinationen der beiden Elemente ergeben viele Möglichkeiten für Variationen, auch wenn von den Haubenmeisen an verschiedenen Lauten nicht viel zu erwarten ist.

Mit 10,5–12 cm Körperlänge ist die Haubenmeise eine unserer kleinen Meisen. Sie hat zwar nur wenige Farben im Gefieder aufzuweisen, ist aber von der Musterung und der Gestalt her ein besonders hübscher Vogel, allen voran die schwarz und weiß gemusterte dreieckige Federhaube, die immer sichtbar ist, aber verschieden hoch aufgerichtet werden kann. Der Kopf ist weiß mit einem großen schwarzen Kehllatz, mit einem schmalen schwarzen Halskragen, der den weißen Hals vom graubraunen Rücken abgrenzt, und mit einer geschwungenen schwarzen Linie um die Wangen, die von hinten durch das Auge verläuft. Die Unterseite ist einheitlich beige. Männchen und Weibchen sind gleich gefärbt und die Jungvögel an einer etwas kürzeren Federhaube zu erkennen.

Haubenmeisen leben in Nadelwäldern: im Bergland hauptsächlich in Fichten- und in Norddeutschland außerdem verbreitet in Kiefernwäldern. In Mischwäldern müssen ausreichend Nadelhölzer vorhanden sein. Das gilt auch für Parkanlagen, Friedhöfe und Gärten, in denen Haubenmeisen aber oft nur vorübergehend erscheinen – etwa im Spätsommer und Herbst während der Streubewegungen vor allem der Jungvögel. Haubenmeisen hacken sich zum großen Teil ihre Nisthöhlen selbst aus. Sie brauchen dazu morsches oder totes Holz. Manchmal haben andere Vögel, wie Weidenmeisen oder Spechte, für sie schon die Vorarbeit geleistet. Mit einem kleinen Trick kann man Haubenmeisen auch dazu bringen, einen Nistkasten zu beziehen: Man füllt den Kasten mit weicherem Material, das die Vögel aushacken können. Nicht nur weil es schwer für sie ist, geeignete Stellen für den Bau von Nisthöhlen zu finden, sind Haubenmeisen in unseren Wäldern zwar weit verbreitet, aber nicht gerade dicht gesät. Sie sind auch Standvögel und brauchen daher Reviere, die groß genug sind, um das ganze Jahr ausreichend Nahrung zu bieten. Im Sommer leben Haubenmeisen von Insekten und deren Larven sowie von Spinnen, im Winter bilden Samen von Nadelbäumen die Ernährungsgrundlage.

SUMPFMEISEN KOMMEN GERNE IN GÄRTEN UND ANS FUTTERHAUS.

Sumpfmeise

Parus palustris

Ungeachtet ihres Namens ist die Sumpfmeise kein Sumpfvogel, sondern lebt in Laub- und Mischwäldern und kommt auch in Parks und Gärten und im Winter ans Futterhaus. Mit feinen, rasch hingeworfenen *zi-de* oder *pistjü*, manchmal fast zu einer einzigen Silbe verschliffen, meldet sie sich. Gibt es Anlass zur Aufregung, hört man ärgerlich klingende *zji-dädädädä* oder *zrriwewewe*. Dabei muss man aufpassen, nicht einer Kohlmeise aufzusitzen. Deren Stimme ist allerdings viel kräftiger. Sumpfmeisengesang klingt bescheiden und ist leicht zu überhören, weil man ihn gar nicht als Gesang registriert. Am häufigsten sind klappernde Strophen *tjüpp tjüpp tjüpp* oder *tjätjätjä* . . ., manchmal klingen sie aber auch ähnlich einer Tannenmeise mit zweisilbigen *wita wita wita* . . . oder *zi-wüd-ziwüd*. Rufe und Gesang geben die entscheidenden Hinweise, um Sumpfmeisen sicher von Weidenmeisen unterscheiden zu können.

Die Körperlänge des kleinen braungrauen Vogels mit der schwarzen Kopfkappe und dem kleinen schwarzen Kehllatz beträgt 11,5 – 13 cm. Männchen und Weibchen lassen sich nicht unterscheiden.

Sumpfmeisen sind in der Regel Einzelgänger. Am Futterplatz erscheinen sie meist nur kurz, nehmen einige Körner in den Schnabel und huschen dann wieder weg. Sie verzehren die Samen lieber abseits und bleiben dabei gerne allein. Weggetragene Körner verstecken sie auch als Vorrat für schlechte Zeiten in Rindenspalten oder unter Moos und Flechten an Ästen und Stämmen. Sumpfmeisenpaare halten in der Regel ein Leben lang zusammen und verteidigen auch ganzjährig Reviere. Jedenfalls ist langjährige Partnertreue nachgewiesen. So ist es nicht erstaunlich, dass man sie auch im Winter häufig zu zweit sieht und so gut wie nie in Trupps.

WEIDENMEISEN SIND OFT NUR AN IHRER STIMME ZU ERKENNEN.

Weidenmeise

Parus montanus

Im Aussehen trennen Sumpf- und Weidenmeise nur geringfügige Unterschiede. Wie so oft bei sehr ähnlichen Arten geben die Lautäußerungen den Ausschlag. Etwas heiser und nasal rufen Weidenmeisen *zi zi* ***dääh dääh dääh***, oft bleibt es nur beim gedehnten *däääh*, das deutlich mehr in die Länge gezogen wird als das kurze *de* der Sumpfmeise. Die Gesänge klingen bei uns je nach Region etwas unterschiedlich. Mit absinkenden Elementen wie *ziü-ziü-ziü* … singen Weidenmeisen überall im Tiefland. In den Bergwäldern der Alpen hört man kürzere *zie-zie* … oder *düh düh düh*, die auf einem Ton bleiben. Das schnelle Klappern der Sumpfmeise kennen Weidenmeisen nicht.

Weidenmeisen erreichen eine Körpergröße von 12–13 cm. Ihr Kopf wirkt etwas größer als bei der Sumpfmeise, und die weißen Kopfseiten fallen stärker auf, weil sich deren reinweiße Flächen weiter hinter ziehen. Auch die schwarze Kopfplatte reicht weiter nach hinten, und der schwarze Kinnfleck ist etwas größer. Aber man darf sich nicht auf einzelne kleine Unterschiede verlassen, denn es kann zu Überschneidungen kommen. Meist sieht man bei Weidenmeisen im Flügel ein undeutliches helles Feld.

Zumindest im Garten und am winterlichen Futterhaus spielen die kleinen Unterschiede aber kaum eine Rolle, denn nur in Sonderfällen wird man dort Weidenmeisen begegnen. Ihr Lebensraum sind Gehölze und Wälder mit möglichst vielen morschen Bäumen, da Weidenmeisen ihre Nesthöhlen in morsches oder weiches Holz hacken. Ihre Anforderungen können in ganz unterschiedlichen Baumbeständen erfüllt werden: sowohl in feuchten Weiden- und Birkenbeständen entlang von Bächen und Flüssen als auch bis zur Waldgrenze in naturnahen Nadelwäldern im Gebirge.

Schwanzmeise

Aegithalos caudatus

Mit hohem, meist drei- bis viersilbigem *sieh-sieh-sieh-sieh* zieht ein Trupp Schwanzmeisen vorbei. Die zierlichen Gestalten fliegen in unregelmäßigen Abständen einzeln hintereinander aus einem Baum heraus und finden sich nach und nach dort ein, wo die ersten Vögel sich nach einer kurzen Strecke wieder niedergelassen haben. Man kann einem Schwanzmeisentrupp oft bequem eine Weile folgen. Dann hört man mit Sicherheit auch ein schnarrendes *pserrrp* oder *zerrr*, das für Schwanzmeisen so typisch ist – dazwischen vielleicht auch kurz schnalzende *pt* oder *zepp*, mit denen die Truppmitglieder untereinander Kontakt halten. Der Gesang, eine rasche Folge kratzender Laute und kleiner Triller, ist nur selten zu hören.

Schwanzmeisen sind 13–15 cm lang, davon fallen 7–9 cm auf den Schwanz. Man könnte ihn also als kleinen rundlichen Körper an einem langen Schwanz beschreiben. Kopf und Unterseite sind weiß, Bauch und Flanken hell rötlich braun. Bei unseren Brutvögeln zieht sich über dem Auge ein breiter schwarzer Streif an der Seite des Scheitels bis in den Nacken. Es gibt auch rein weißköpfige Schwanzmeisen mit einheitlich weißer Unterseite, dabei handelt es sich in der Regel um nordische Wintergäste. Die Oberseite und die Mitte des langen Schwanzes sind schwarz, die Schulterfedern rosa und die Schwanzseiten weiß. Der Schnabel ist winzig. Jungvögel erkennt man an ihren dunklen Kopfseiten.

Schwanzmeisen suchen Blätter und kleine Zweige nach winzigen Insekten und Spinnentieren ab. Dabei bewegen sich die geschickten Turner auch mit dem Rücken nach unten hängend vorwärts. Der lange Schwanz dient ihnen als Balancierstange. Eine Schwanzmeise kommt selten allein. Nach der Brutzeit bilden sich Familientrupps, denen sich im Herbst und Winter noch weitere Individuen anschließen können. Die Trupps lösen sich dann im Spätwinter wieder auf, und anschließend grenzen Paare ihre Reviere ab. Schwanzmeisen sind keine eigentlichen Meisen, sondern zählen zu einer eigenen Familie. Das wird besonders deutlich beim Nestbau, denn sie sind keine Höhlenbrüter. In hohen Büschen oder in Astgabeln von Bäumen wird ein kunstvolles eiförmiges Nest gebaut, das oben geschlossen ist und einen seitlichen Eingang hat. Es ist meist hervorragend getarnt, weil eine Außenverkleidung aus Flechten den Bau der unmittelbaren Umgebung anpasst. Schwanzmeisen investieren sehr viel Mühe in den Bau ihres Nestes. Bis über zweitausend kleine Federchen hat man schon als Auspolsterung gezählt. Das deutet an, wie wichtig die Wärmedämmung für die kleinen Vögel ist. Ob Schwanzmeisen brüten, kann man ihnen ansehen, denn sie fliegen dann mit verbogenen Schwanzfedern umher.

SCHWANZMEISEN SIEHT MAN HÄUFIG ALS FAMILIEN UMHERSTREIFEN.

DIE BARTMEISE IST EIN SCHILFBEWOHNER MIT UNSTETEM WANDERTRIEB.

Bartmeise

Panurus biarmicus

Man sieht meist nicht viel von ihnen, aber merkwürdige platzende *tscheng tscheng* oder bei Erregung etwas härtere *tjik* oder *tschii* sind untrügliche Anzeichen, dass sich Bartmeisen irgendwo im großen Schilfwald bewegen. Manchmal hört man auch einen kleinen Chor, vor allem wenn die Vögel im Trupp auffliegen. Der Gesang, der fast das ganze Jahr über vorgetragen wird, besteht aus einer kleinen Strophe von drei bis vier Silben, wie *pschin-tschick-tschräh*, und fällt nicht weiter auf. Er hat auch keine Bedeutung als Reviermarkierung, sondern dient offenbar mehr dem sozialen Kontakt.

Mit 14–15,5 cm Körperlänge sind Bartmeisen ähnlich langschwänzig wie Schwanzmeisen, wirken allerdings weniger zierlich. Mit wem sie näher verwandt sind, war lange Zeit nicht eindeutig geklärt. Heute stellt man sie in eine eigene Vogelfamilie. Die Grundfärbung ist hell gelblich braun. Im Flügel sind weiße Federn zu erkennen. Die Männchen haben einen hell blaugrauen Kopf mit weißer Kehle, die von einem langen schwarzen Bart gesäumt wird, der zwischen Schnabelwurzel und Auge ansetzt. Die Köpfe der Weibchen und Jungvögel sind gelblich braun mit heller Kehle und ohne Bart. Weibchen haben weiße, Männchen schwarze Unterschwanzdecken. Bei den Jungen sind Rücken und Schwanzseiten schwarz.

Als Schilfbewohner, die selten in Büschen zu sehen sind, ernähren sich Bartmeisen im Frühjahr und Sommer vor allem von Insekten und anderen Kleintieren, im Winter hauptsächlich von Schilf- und Rohrkolbensamen sowie Insekten, die als Larve oder Puppe überwintern. Die Nester stehen in dichter Vegetation meist niedrig über dem Wasser. Bartmeisen brauchen daher große Bestände von altem Schilf, in denen Veränderungen durch Schilfmahd oder Wasserstand ausgeglichen werden, sodass sie sich dauerhaft darin aufhalten können und durch Inseln aus anderen Sumpfpflanzen ausreichend Nahrung erhalten. Solche Gebiete sind nicht nur selten, sondern über große Flächen hinweg auch unregelmäßig verteilt. Möglicherweise hat sich deshalb ein merkwürdiges Wanderverhalten entwickelt. Teilweise sind Bartmeisen Standvögel, die einen Lebensraum das ganze Jahr über nutzen können. Es kommt aber auch zu Abwanderungen, vor allem der Jungvögel, die dadurch neue Gebiete erreichen, jedoch nicht mehr zurückkehren wie echte Zugvögel. Solche manchmal invasionsartigen Einflüge in neue Gebiete sind vor allem mit Nahrungsmangel und negativen Veränderungen am Ausgangsort verbunden – nicht mit dem Wetter. Es gibt aber auch Zugvögel unter den Bartmeisen, die größere Strecken fliegen und dann wieder zurückkommen.

Beutelmeise

Remiz pendulinus

Sehr hoch und dünn rufen Beutelmeisen *tsiüü*, feiner und stärker herabgezogen als der Ruf der Rohrammer, die ebenfalls das Schilf bewohnt, in dem sich Beutelmeisen zumindest außerhalb der Brutzeit regelmäßig aufhalten. Der Gesang klingt sehr leise, und man kann ihn meist nur am Nest hören. Die hohen *tsiüü* leiten die kleine Strophe ein und beenden sie auch, dazwischen vernimmt man helle Triller. *Tsiüü sirrrr twitwitwi tsiü zer-r-r-r* wird in längeren Pausen vorgetragen, nicht als Reviergesang, sondern um den Weibchen zu gefallen.

Die Körperlänge der Beutelmeise beträgt 10–11,5 cm. Sie sind also nur so groß wie Tannenmeisen. Ein sehr feiner spitzer Schnabel und ein relativ kleiner Kopf unterstreichen ihre Zierlichkeit. Der Kopf der Altvögel ist grau, der Rücken rotbraun. Vom Schnabel bis über das Auge trägt das Männchen eine große dreieckige schwarze Maske, die beim Weibchen deutlich schmaler und bei den hell bräunlichen Jungvögeln höchstens grau angedeutet ist. Geschickt turnen die Vögel an Halmen und Zweigen herum.

Beutelmeisen sind immer in der Nähe von Wasser anzutreffen, außerhalb der Brutzeit auch in kleinen Trupps. Ihr Vorkommen ist etwas unstet: Man kann nicht ganz sicher mit ihnen rechnen, aber ihnen auch völlig unerwartet begegnen. In vielerlei Hinsicht ist die Beutelmeise ein Sonderfall in unserer Vogelwelt – ihr Leben scheint ein wenig kompliziert zu sein. Das Nest ist ein Kunstwerk. Es hängt als dickwandiger, geschlossener Beutel aus Pflanzenwolle, Tierhaaren und Bastfasern am Ende eines elastischen Zweigs über dem Wasser, dem Schilf oder dem Boden. Der seitliche Eingang ist zu einer kurzen Röhre ausgezogen. Die Partner sind meist nur kurz zusammen. Ein Männchen beginnt mit dem Nestbau und versucht, ein Weibchen mit Gesang anzulocken. Gelingt das, sucht sich das Weibchen nach der Eiablage allerdings oft einen neuen Partner mit Nestanfang. Die Brutpflege bleibt dann ganz dem Männchen überlassen. Es kann aber auch der Fall eintreten, dass das Männchen eine neue Partnerschaft eingeht und das Nest dann ganz verlassen wird oder dem Weibchen zur alleinigen Brutpflege bleibt. Männchen und Weibchen beginnen also in einer Brutsaison meist mit mehreren Partnern hintereinander eine Brut. Es brütet dann entweder nur ein Altvogel die Eier aus und füttert die Nestlinge – je nachdem, wer sich zum Weggehen mit einem anderen Partner entschieden hat, ist es das Männchen oder das Weibchen –, oder beide Partner tun sich zusammen, oder Männchen, die sich anders entschieden haben, kehren wieder zurück und helfen bei der Jungenaufzucht mit. Der Kampf der Geschlechter macht die Verhältnisse unübersichtlich.

MIT FEINER, HOHER STIMME MELDET SICH DIE BEUTELMEISE AUS BÄUMEN, DIE AM WASSER STEHEN.

KLEIBER SIND KLETTERAKROBATEN MIT KRÄFTIGER STIMME.

Kleiber

Sitta europaea

Kleiber sind Kletterkünstler, und sie rennen als Einzige auch mit dem Kopf voran einen senkrechten Stamm hinunter. Diese Fähigkeit verdanken sie einer ausgefeilten Technik, bei der die kräftigen Füße eine wichtige Rolle spielen. Anders als Baumläufer und Spechte stützen sie sich nicht mit den steifen Schwanzfedern am Stamm ab, um Halt zu gewinnen. Das macht sie frei für allerlei Akrobatik. Die Zehen werden beim Klettern quer gestellt und die Füße nie gleichzeitig, sondern immer nur nacheinander bewegt. Der Körper hängt also am oberen Fuß und stützt sich auf den unteren. Man kann die stimmfreudigen Vögel das ganze Jahr über hören. Ihre Rufe sind scharfe *zit* oder längere *ziit* und merklich kräftiger als die Rufe von Meisen. Oft zu hören sind die weittragenden Erregungsrufe *twett twett*… oder *träck träck*… Schon ab Dezember singen Kleiber an milden sonnigen Tagen mit lauten etwas ansteigenden Pfiffen, die den menschlichen ähnlich sind, in langsamer Folge *wüih wüih wüih*. Ein weiterer Strophentyp, den man häufig hört, ist ein rascher Triller *wiwiwiwiwiwi*… Beide Gesangsformen kann man nicht überhören und sind Teil des Vorfrühlings in Wäldern und Parks.

Kurzschwänzig, kompakt und etwas kopflastig ist die 12–13,5 cm lange Gestalt des Kleibers. Der kräftige Schnabel ist lang und spitz, und ein breiter schwarzer Streifen zieht von der Schnabelbasis durch das Auge bis auf die Halsseiten hinter dem Kopf. Die Oberseite ist blaugrau, die Unterseite leicht rostfarben. Bei den Männchen sind die hinteren Flanken intensiver gefärbt.

Kleiber sind weit verbreitet in Laub- und Mischwäldern und fester Bestandteil von Parkanlagen, Friedhöfen, Feldgehölzen, Obstgärten und Alleen mit alten Bäumen. Im Winter kommen sie auch an Futterstellen, klemmen sich meist mehrere Körner in den Schnabel und fliegen rasch wieder weg. Das dient einer Vorratshaltung, die bei Kleibern weit verbreitet ist. Die Körner werden in eine Spalte geklemmt und nach Möglichkeit mit Moos, Rinde oder Ähnlichem bedeckt. Die Vögel sind Höhlenbrüter und wenden eine besondere Technik an, um übermächtige Konkurrenz beim Kampf um geeignete Bruthöhlen auszuschalten. Der Name Kleiber hat mit dem Wort »kleben« zu tun. In der Tat kleben Kleiber mit feuchter Erde oder Lehm die Öffnung einer Baumhöhle, eines Spechtlochs oder auch eines Nistkastens so weit zu, dass kein größerer Vogel als sie in die Bruthöhle einfliegen kann. Auch im Innenraum werden scharfe Kanten und Hohlräume verklebt. Das Nest ist ein kleiner Haufen aus Rinde oder Holzstückchen. Besonders beliebt ist die Spiegelrinde von Kiefern, die Kleiber mitunter aus mehreren hundert Meter Entfernung heranschaffen.

DOPPELGÄNGER WALDBAUMLÄUFER: SEINE FEINE STIMME VERNIMMT MAN IM FICHTENWALD.

Waldbaumläufer

Certhia familiaris

Ein kleiner brauner Vogel mit weißer Unterseite klettert ruckartig nahezu senkrecht an einem Baumstamm hoch. Farblich und in seiner Bewegung wirkt er fast wie eine kleine Maus. Aber es handelt sich um einen Baumläufer, doch um welche der beiden bei uns vorkommenden Arten, ist selbst bei näherem Hinsehen nur schwer zu entscheiden. Wie bei anderen Zwillingsarten geben auch hier die Lautäußerungen die entscheidenden Hinweise: Waldbaumläufer rufen dünn trillernd *srri* oder auch ohne schwingendes r klangrein *tiih*. Die Stimme ist weniger kräftig als die des Gartenbaumläufers, und das Lied, eine längere Strophe als beim Gartenbaumläufer, besteht aus zwei Trillern. Der erste fällt ab, der zweite beginnt wieder hoch und erinnert an den Gesang des Wintergoldhähnchens, allerdings mit einem Endschnörkel, was ähnlich klingt wie *zi-zi zisirri zrrisrirrr*.

Mit 12,5 – 14 cm Körperlänge sind Waldbaumläufer kleiner als Kohlmeisen. Der dünne Schnabel ist leicht gebogen. Die steifen Federn des relativ langen Schwanzes werden beim Klettern gegen den Stamm gedrückt. Im Vergleich zum Gartenbaumläufer ist der Schnabel meist etwas kürzer, die Unterseite reiner weiß, der weiße Überaugenstreif deutlicher und der Rücken etwas lebhafter gefleckt. Aber das sind nur geringe Unterschiede, die man nicht immer sieht. Im hellen Flügelfeld ist beim Waldbaumläufer zudem eine rechteckige dunkle Kerbe zu erkennen.

Waldbaumläufer leben in großen, geschlossenen Wäldern mit alten Bäumen. Sie kommen auch in einförmigen Fichtenforsten vor und wagen sich in Parks und Gärten, sind dort aber seltener als Gartenbaumläufer. Die Nester legen sie in Ritzen, Nischen und Spalten von Bäumen und Schuppen an, häufig auch hinter der abblätternden Rinde.

DOPPELGÄNGER GARTENBAUMLÄUFER: SEINE KRÄFTIGE STIMME HÖRT MAN IM STADTPARK.

Gartenbaumläufer

Certhia brachydactyla

Ein häufiger Baumläufer in Gärten und Parkanlagen oder einzelnen Baumgruppen ist der Gartenbaumläufer, der sich mit lautem *tüt* zu erkennen gibt. Wenn man diesen kräftigen Ruf hört, ist der Fall klar. Aber Gartenbaumläufer können auch mit einem *srii* den Kontakt zu Artgenossen pflegen. Selbst wenn dieser Ruf ein wenig tiefer und rauer als der des Waldbaumläufers ist, sind Verwechslungen leicht möglich. Oft hört man aber Kombinationen wie *tüt tüt srii*, die den Zweifel beseitigen. Der Gesang besteht aus einer kurzen Strophe, wie *tüt-tüt-titeroi-srii* – kürzer als das Lied des Waldbaumläufers und mit kräftigerer Stimme vorgetragen. Gartenbaumläufer singen im Frühjahr, Herbst und Winter.

Die beiden Baumläufer sehen sich zum Verwechseln ähnlich und unterscheiden sich nur in winzigen Details. Gartenbaumläufer haben einen etwas längeren Schnabel, doch das ist ohne unmittelbaren Vergleich kaum zuverlässig zu erkennen. Die weiße Unterseite ist hinten etwas deutlicher bräunlich überflogen und der weiße Überaugenstreif weniger klar als beim Waldbaumläufer. Das helle Flügelfeld ist gleichmäßig gestuft. Dieses wichtigste Unterscheidungsmerkmal ist aber nur aus der Nähe gut zu erkennen.

In manchen Gegenden gehen sich die beiden Baumläuferarten weitgehend aus dem Weg, aber man kann nie sicher sein. In Stadtlandschaften, offenem Land mit kleinen Baumgruppen oder in Gärten ist eher der Gartenbaumläufer zu erwarten. In geschlossenen Fichtenbeständen, vor allem im Bergland, wird man in der Regel Waldbaumläufer antreffen. Beide Baumläufer kommen an Futterstellen, wenn ihnen ein feinkörniges Fettfuttergemisch angeboten wird.

DAS NEUNTÖTERMÄNNCHEN BRINGT FARBE IN DIE LANDSCHAFT.

Neuntöter

Lanius collurio

Aufrecht sitzt das Neuntötermännchen weithin sichtbar auf der Spitze eines Buschs. Sein buntes Gefieder ist eindrucksvoll, aber man hört nicht viel von ihm. Bei Beunruhigung warnen Neuntöter einzeln und oft auch wiederholt nasal *gwä* oder *dschä*. Bei größerer Erregung vernimmt man harte *däck* oder auch scharf *teckteckteck*. Junge betteln ähnlich, etwas heiser und gedehnt *quäää*. So kann man schon von Weitem hören, ob das Paar Nestlinge bis zum Ausfliegen gebracht hat. Gesang hört man selten. Es ist ein Dahinschwätzen mit vielen gepressten Lauten – nicht laut, aber vielseitig und mit Nachahmungen anderer Vogelstimmen durchsetzt, also zum Wiedererkennen der Art nicht leicht. Mit *dschä*-Silben als Einleitung oder Schlusspunkt kann man aber den Neuntöter heraushören.

Die Körperlänge beträgt 16–18 cm. Seine aufrechte Sitzhaltung und der relativ lange Schwanz, der bei Beunruhigung immer wieder seitwärts geschlagen wird, lassen Neuntöter recht stattlich erscheinen, vor allem das farbenprächtige Männchen. Der Rücken ist rotbraun und der Schwanz schwarz mit breiten weißen Feldern an der Basis, die beim Auffliegen blitzen. Unter dem hell aschgrauen Oberkopf läuft eine schwarze Maske vom Schnabel durch das Auge. Die weiße Unterseite ist an Brust und Bauch hell bräunlich rosa überflogen. Das Weibchen mit einer matten braunen Oberseite hat einen braunen Oberkopf und eine nur angedeutete braune Augenmaske. Die cremeweiße Unterseite ist etwas gebändert. Jungvögel sehen ähnlich aus, tragen aber an der Unterseite deutliche Querbänder.

Neuntöter können in halb offenen und offenen Landschaften mit einem abwechslungsreichen Buschbestand und einer vielseitigen Krautschicht, in der auch wenig bewachsene Magerstandorte vorkommen und vor allem das Angebot an Insekten und Kleintieren reichhaltig ist, leben. Solche Landschaften sind selten geworden. Neuntöter haben daher abgenommen und sind vielerorts verschwunden. Neuntöter, Dornwürger oder Rotrückenwürger sind blutrünstige Namen für so einen schönen Vogel, die schon fast einer Rufschädigung gleichkommen. Sie beruhen aber auf einer Eigenart des Verhaltens: Die Vögel jagen große Insekten wie Käfer, Hummeln, Heuschrecken bis hin zu jungen Feldmäusen. War die Jagd erfolgreich, wird zumindest ein Teil der Beute auf Pflanzenstacheln oder kleinen spitzen Seitenästen aufgespießt. Das dient zum einen dem Anlegen von Vorräten, ist aber zugleich eine Hilfe bei der Zerkleinerung von Beutetieren, denn Neuntöter sind Singvögel mit relativ schwachen Füßen, die große Beutetiere nur schwer festhalten können. Sie ziehen schon im September in Richtung Südosten ab und überwintern in Ost- und Südafrika.

Elster

Pica pica

Die Elster hat von jeher einen schlechten Ruf. Mit der gleichnamigen Oper von Rossini ist sie schon vor rund zweihundert Jahren als diebische Elster zu zweifelhaften Titelehren gekommen. Noch nicht ganz so lange, nämlich erst seit Beginn des Vogelschutzes, ist sie als Feind der Singvögel verschrien. Beide traditionellen Vorurteile beruhen schlimmstenfalls auf Halbwahrheiten. Handaufgezogene, zahme Elstern mögen unter den vielen nicht genießbaren Objekten, die sie an sich nehmen und dann verstecken, auch einmal Silberlöffel, Ringe oder Münzen erwischt haben. Wild lebende Vögel verstecken allerdings lediglich Samen, Brotstücke und andere Nahrungsbrocken als kurzfristige Vorräte, die, weil oft verderblich, bald verzehrt werden. Die Hauptnahrung der Elstern besteht aus bodenbewohnenden Kleintieren. Im Winter leben sie hauptsächlich vegetarisch. Auch Eier und Jungvögel zählen unter anderem zur Nahrung, aber es ist eindeutig belegt, dass Elstern mit dem Rückgang von kleineren Singvögeln nichts zu tun haben. Dazu ist der von ihnen verursachte Aderlass viel zu gering.

Am häufigsten hört man von den auffallend schwarzweißen Vögeln ein lautes hartes Schäckern wie *tschräk-äk-äk-äk*. Daneben gibt es noch eine Vielzahl von meist kurzen Rufen, wie *ek* oder hoch *ki-jak* und schrill *kirr*. Vom Gesang ist nicht viel zu hören, denn Elstern singen das Jahr über nur kurze Zeit für den Partner. Dabei handelt es sich um ein vielfältiges Schwätzen mit gurgelnden, pfeifenden und nasalen Lauten – nicht sehr laut und daher auch nicht über größere Entfernungen zu hören.

20–30 cm kann der lange Schwanz messen und damit mehr als die Hälfte des 40–51 cm langen Körpers für sich beanspruchen. Die »schwarzen« Federn schillern bei günstigem Lichteinfall aus der Nähe blau und grün. Beide Geschlechter gleichen sich, Jungvögel haben einen etwas kürzeren Schwanz und keinen Metallschimmer auf den dunklen Gefiederteilen.

Elstern sind im Tiefland weit verbreitet, vor allem in halb offenen Kulturlandschaften mit Baumgruppen, Gebüsch und Hecken sowie an Waldrändern. In geschlossenen Wäldern fehlen sie, ebenso in größeren Höhen mit rauerem Klima. Die Einwanderung als Brutvogel in Parks und Gärten hat den falschen Eindruck erweckt, Elstern würden enorm zunehmen. Es handelt sich aber meist nur um eine Verlagerung der Brutpaare, die in den mittlerweile weitgehend ausgeräumten Agrarlandschaften verschwunden sind. Die »Zunahme« der Gartenelstern ist also das Ergebnis eines Mangels in ihren ursprünglichen Brutgebieten.

DIE ELSTER: EIN SCHÖNER VOGEL, DER NICHT NUR FREUNDE HAT

DER EICHELHÄHER IST UNSER BUNTESTER RABENVOGEL.

Eichelhäher

Garrulus glandarius

Er ist der bunteste unter den Rabenvögeln, doch normalerweise scheu und wachsam. Bei drohender Gefahr schlüpft er in Deckung oder nimmt Reißaus. Daher sind die Momente für eine gute Beobachtung oft sehr kurz. Das häufig zu hörende Rätschen verrät allerdings jedem Kundigen die Anwesenheit des Eichelhähers. Eindringlinge oder potenzielle Beutefeinde werden von ihm mit nervösen Bewegungen von Körper und Schwanz registriert. Oft gleiten die Häher stumm auf ruhig gehaltenen Flügeln um eine sitzende Eule oder einen Marder herum. Hat dies keine Wirkung, wird mit einem heiser rätschenden, oft zweimal rasch hintereinander ausgestoßenen *krschääh* Alarm gegeben. Das kann sich in einer Gruppe zu einem ohrenbetäubenden Geschrei steigern. Darüber hinaus sind viele weitere Rufe von Eichelhähern zu hören. So beherrschen sie perfekt das *hijäh* des Mäusebussards. Oft hört man auch kurze, fast zweisilbige *ch(a)ik*, manchmal auch krähenartige *kra* oder kurze, fast stimmlose *krr-krr*. Der Gesang ist eine schwätzende Mischung aus unterschiedlichen Lauten, die man als glucksend, trillernd, miauend oder knarrend bezeichnen kann.

Mit einer Körperlänge von 32–35 cm sind Eichelhäher deutlich kleiner als Rabenkrähen und haben in etwa die Größe einer Straßentaube. Aus dem charakteristischen rosa-graubraunen Gefieder leuchtet an der Flügelbeuge ein weithin als Hutschmuck beliebtes kleines Federfeld aus strahlend blauen Federn mit schwarzen Bändern. Die helle Kehle ist von kräftigen schwarzen Bartstreifen eingefasst, und mit dem dunklen Schwanz kontrastiert ein großes weißes Bürzelfeld, das im Fliegen auffällt. Der Oberkopf, dessen Federn aufgerichtet werden können, ist fein schwarz gestrichelt. Die relativ kurzen runden Flügel schlagen beim Fliegen über eine größere Strecke in unregelmäßigen Abständen, dazwischen werden immer wieder kleine Gleitstrecken eingeschaltet.

Eichelhäher sind weitverbreitete Waldvögel und brüten in Laub- und Nadelwäldern. Im Herbst und Winter kommen sie auch in Dörfer und Städte. Offenbar nehmen Bruten in größeren Parkanlagen zu. Ihre Nahrung ist sehr vielseitig, pflanzliche Bestandteile überwiegen. Eicheln, Haselnüsse oder Bucheckern werden im Herbst als Vorräte für den Winter vergraben. Der Eichelhäher trägt damit vor allem zur Verbreitung der Eiche bei, da nicht alle vergrabenen Eicheln im Winter von ihm verbraucht werden. Insekten und andere Kleintiere sind als Futter für die Jungen wichtig. Dabei werden Eier und Jungvögel aus Nestern geholt. Im Winter erscheinen Eichelhäher mitunter auch an Futterstellen.

Dohle

Coloeus monedula

Dohlen sind keine Einzelgänger, die meisten von ihnen verpaaren sich ein Leben lang. Die Paare halten auch im Schwarm zusammen, sitzen oft dicht nebeneinander und kraulen sich gegenseitig im Kopfgefieder – ein Bild zärtlicher Harmonie. Wenn die Vögel einer Kolonie gemeinsam unterwegs sind, können die Schwärme sehr groß werden und häufig in Gesellschaft anderer Rabenvögel unterwegs sein. Das gilt besonders im Winter. Wie die meisten Rabenvögel sind auch Dohlen sehr ruffreudig. Ihre Lock- und Stimmfühlungsrufe klingen meist hoch *kja* und werden oft mehrfach wiederholt. In einem Schwarm herrscht ein vielstimmiges Durcheinander. Daraus kann man häufig härtere *kjack*, gedehnte *kjaar* oder auch raue *tschrääää* heraushören. In einer Brutkolonie verständigen sich Dohlen mittels verschiedener Laute. Der Gesang ist ein leises Schwätzen zwischen den Partnern.

Mit einer Körperlänge von 30–34 cm ist die Dohle der kleinste unter den schwarzen Rabenvögeln. Schwarz ist sie allerdings nur aus der Entfernung. Aus der Nähe ist ihr Gefieder dunkelgrau, an den Halsseiten und im Nacken deutlich aufgehellt. Im dunklen Gesicht sitzt ein hellgraues Auge. Der Schnabel ist im Vergleich zu anderen schwarzen Rabenvögeln relativ kurz. Im Flug erinnern Dohlen mit ihren etwas schnelleren und tieferen Schlägen der verhältnismäßig langen Flügel an Tauben. An steilen Felswänden oder hohen Mauern einer Burg erweisen sie sich als eindrucksvolle Flugakrobaten, die geschickt kleine Aufwindströme ausnutzen.

Im Winter sieht man Dohlen häufig gemeinsam mit Saatkrähen, aber auch mit Raben- oder Nebelkrähen bei der Nahrungssuche und in gemischten Schwärmen auf dem Flug von und zu den Schlafplätzen. Als Brutvögel siedeln Dohlen in der Regel als Kolonien in Löchern, Nischen, Spalten oder Vertiefungen an Fels- und Lehmwänden, in Steinbrüchen, an Ruinen oder hohen Gebäuden und technischen Bauten, wie zum Beispiel Stahlträgern einer Brücke. In manchen Gegenden sind sie auch in Baumhöhlen eingezogen. Viele Kolonien haben eine lange Tradition, wenn ihre Brutmöglichkeiten erhalten geblieben sind. Man kann Dohlen auch erfolgreich Nistkästen anbieten. Im Hochgebirge gibt es keine Dohlen, und auch in Tallandschaften kommen sie vielfach gar nicht vor. Ihre Nahrung suchen die Vögel in der Regel auf dem Boden. Entweder sie schreiten darüber oder führen unter Einsatz der Flügel kleine Sprünge aus. Im Sommerhalbjahr sind Kleintiere, vor allem Insekten und deren Larven, die wichtigste Nahrungsgrundlage, im Winter Pflanzenteile, Körner, Obst oder Haushaltsabfälle. Als Nesträuber spielen Dohlen keine Rolle.

MIT IHREN HELLEN AUGEN BEOBACHTEN DOHLEN AUFMERKSAM DIE UMGEBUNG.

AUF DEN HÖCHSTEN GIPFELN ZU HAUSE: DIE ALPENDOHLEN

Alpendohle

Pyrrhocorax graculus

Alpendohlen, die nicht zu den nächsten Verwandten der Dohlen in einer Stadt gehören, sind die einzigen Vögel, die vom stark angewachsenen Tourismus im Hochgebirge bis jetzt profitiert haben. Sie tauchen auf, wenn Wanderer auf einsamen Gipfeln Rast machen, um etwas von der Brotzeit zu ergattern, und verbringen das ganze Jahr auf unseren höchsten Berggipfeln, da dort auch im Winter Hochsaison ist. Ein durchdringendes *triii* oder *sriii* ist der häufigste Ruf, mit dem der Tourist aus der Gondel begrüßt wird. Dazwischen sind gedämpfte *dschirr* oder *prri* zu hören. Lockrufe zwischen Artgenossen klingen wie *zijup,* Schnarrlaute warnen vor Bedrohung. Der Gesang ist nur ein Plaudern. Die Rufe unterscheiden sich deutlich von denen der Dohle. Filmregisseure, die das nicht wissen, unterlegen Szenen im Hochgebirge oft mit Dohlenrufen, die man dort allerdings nie zu hören bekommt.

Mit 36–39 cm Körperlänge sind Alpendohlen etwas größer als Dohlen. Weitere Unterschiede ergeben sich im Aussehen: Alpendohlen haben ein einheitlich schwarzes Gefieder, ihr dünner leicht gebogener Schnabel ist gelb, die Füße sind korallenrot. Im Flugbild fällt im Vergleich zur Dohle vor allem der längere Schwanz auf.

Wie Dohlen sieht man auch Alpendohlen das ganze Jahr über in Schwärmen und kleineren Trupps. Die Brutplätze der Paare liegen aber in der Regel einzeln für sich, meist an unzugänglichen Felswänden in Spalten, Höhlen, Nischen oder Grotten. Auch an technischen Bauten, die in Tourismusgebieten zunehmend das Hochgebirge bestimmen, legen Alpendohlen ihre Nester an. Dabei zeigt sich allerdings, dass nicht nur Schutz vor etwaigen Nesträubern, sondern vor allem auch günstiges Kleinklima im rauen Hochgebirge für eine erfolgreiche Brut wichtig ist. Darum werden geeignete Brutplätze über viele Jahre hinweg besiedelt. Nester an Seilbahnträgern beispielsweise, die oft zu niedrigen Temperaturen ausgesetzt sind, garantieren nur geringe Bruterfolge. Die Ernährung ist für Hochgebirgsvögel ein besonderes Problem. Im Sommer bilden vor allem Insekten, Spinnentiere und Schnecken am Boden und in Felsritzen die wichtigste Nahrung, im Winter Pflanzenteile, Früchte, Knospen, Flechten und Blätter. Heute spielen aber das ganze Jahr über Fütterungen an Tourismusplätzen und Abfälle eine wichtige Rolle. Sind im Winter Berghütten und Gipfelstationen nicht bewirtschaftet, kommen Alpendohlen deshalb in die Ortschaften der Täler herunter – oft Tag für Tag im pünktlichen Rhythmus, einschließlich der Besuche auf Schulhöfen nach der Pause.

Saatkrähe

Corvus frugilegus

Saatkrähen bilden die größten Schwärme schwarzer Rabenvögel, da kommen selbst Dohlen nicht mit. Das gilt nicht nur für die Ansammlungen im Winterhalbjahr, sondern auch für die großen Brutkolonien. Der häufigste Ruf ist ein tiefes und heiseres *krra*, dumpfer und heiserer als der typische Ruf der Rabenkrähe, die ein offeneres *a* ruft. Mit einiger Übung kann man anhand dieser Rufe die beiden schwarzen Rabenvögel gut unterscheiden. Außerdem hört man aus den Saatkrähenschwärmen noch helle, fast dohlenartige *kjä* und hohe *kirrr*. In den Brutkolonien rufen viele Vögel durcheinander, und es kann ein enormer Lärm entstehen, der zu einem echten Problem wird, wenn sich eine Brutkolonie nahe an Wohnhäusern oder im Park von Seniorenheimen oder Krankenhäusern angesiedelt hat. In diesem Geschrei gehen viele weitere leise Rufe unter, die soziale Funktionen haben. Auch von einem Gesang ist so gut wie nichts zu hören. Wie bei anderen Rabenvögeln besteht er aus einem variablen Schwätzen mit unterschiedlichen krächzenden und auch metallisch klingenden Lauten.

Mit 41–49 cm sind Saatkrähen etwa so groß wie Rabenkrähen. Da sie ebenfalls schwarzes Gefieder tragen, kann es leicht zur Verwechslung mit Rabenkrähen kommen. Einige Einzelheiten ergeben aber doch merkliche Unterschiede, die bei etwas Erfahrung eine rasche Identifikation der Krähen erlauben. Das Gefieder der Saatkrähe schillert aus manchen Blickwinkeln im Licht violett. Im Profil ist bei der Saatkrähe die Stirn steiler, der Hals kürzer und vor allem der Schnabel geradliniger zugespitzt und insgesamt spitzer als bei der Rabenkrähe. Bei alten Saatkrähen sind die Nasenlöcher nicht befiedert, und der Schnabelansatz trägt eine grauweiße Hautpartie. Saatkrähen haben also ein graues Gesicht. Das bekommen sie aber erst im zweiten Kalenderjahr. Jungvögel sind einheitlich schwarz wie Rabenkrähen, jedoch am geraden und stärker zugespitzten Schnabel als Saatkrähen zu erkennen.

Saatkrähen sind Brutvögel des Tieflands. Sie fehlen in höheren Bergen und großen Waldgebieten. Ihr Lebensraum sind offene Landschaften mit Baumgruppen zur Anlage der Nester. Mehr als andere Rabenvögel suchen sie ihre Nahrung in den obersten Bodenschichten durch Sondieren und tiefes Einstechen mit dem Schnabel, was zur Abnutzung der Gesichtsfedern führt. Die Hauptnahrung sind im Sommer Regenwürmer, bodenbewohnende Insekten und deren Larven. An pflanzlicher Nahrung spielen vor allem Getreidekörner eine wichtige Rolle.
Im Winter ernähren sie sich von Haushaltsabfällen. Die großen Scharen, die im Winter in Städten leben, sind teilweise Wintergäste aus dem Osten.

SAATKRÄHEN LEBEN SO GUT WIE IMMER IN SCHWÄRMEN.

IN STÄDTEN SIND RABENKRÄHEN HÄUFIGER GEWORDEN, IHR GESAMTBESTAND HAT ALLERDINGS NICHT ZUGENOMMEN.

NEBELKRÄHE

Rabenkrähe

Corvus corone

Der häufigste Ruf der Rabenkrähe ist ein hartes, heiser krächzendes *krra kraa kraa* oder meist mehrmals wiederholtes *arrr* – lauter und weniger heiser als Saatkrähenrufe und mit offenerem *a*. Das Rufrepertoire ist reichhaltig, und so kann man vor allem von einzelnen Vögeln im Brutrevier sehr unterschiedliche Rufe hören, wie zum Beispiel tiefe raue *rarrr rarr* oder glucksende *orrg*. Mit knarrenden *krrr krrr* vertreiben Rabenkrähen vorbeifliegende Greifvögel oder Kolkraben. Der schwätzende Gesang enthält mitunter bauchrednerische Laute und auch Imitationen, ist aber nicht oft zu hören.

Die Körperlänge der Rabenkrähe liegt zwischen 44–51 cm. Außer an ihrem Ruf sind sie auch anhand folgender Merkmale von jungen Saatkrähen zu unterscheiden: Der Schnabel ist etwas dicker und stumpfer, der Oberschnabel an der Spitze deutlich abwärtsgebogen. In der Silhouette haben sie eine etwas flachere Stirn als Saatkrähen, und ihr Gefieder leuchtet nicht violett. Die Unterschiede in der Flugweise sind so minimal, dass sie keine sichere Unterscheidung zulassen. Von Sachsen bis an die Ostseeküste wird die Rabenkrähe durch die nah verwandte Nebelkrähe *(Corvus cornix)* mit zweifarbigem Gefieder ersetzt. Ihr Körpergefieder ist hellgrau, Kopf, Flügel sowie ein Brustlatz sind schwarz. Im südlichen Ostdeutschland kommen an der Berührungszone zwischen Raben- und Nebelkrähen Hybride vor, deren Gefieder Nebelkrähenfarben auf einem dunkleren Untergrund zeigt. Schließlich gibt es sogar einige Gebiete, in denen beide Krähenarten nebeneinander vorkommen. Als Wintergäste erscheinen Nebelkrähen einzeln oder in kleiner Zahl auch weiter westlich. In Gestalt, Größe und Verhalten gleichen sich die beiden Krähenarten.

Rabenkrähen leben in vielen unterschiedlichen Lebensräumen und sind daher weit verbreitet. Offene und halb offene Landschaften mit Baumgruppen für die Nester und freien Flächen für die Nahrungssuche sind besonders günstig. Neuerdings wandern viele in Parkanlagen und Gartenstädte ein. Das hängt wie bei der Elster mit der Ausräumung der Agrarlandschaft und dem Mangel an Nistplätzen, aber wohl auch mit dem Nahrungsangebot in Siedlungen und der dort fehlenden Verfolgung mit Schusswaffen zusammen. Der Kampf um geeignete Brutreviere kann bei Rabenkrähen sehr heftig sein. Trupps und Schwärme, die man auch zur Brutzeit sieht, bestehen aus Nichtbrütern, die mitunter Eier aus Nestern von Artgenossen holen. Rabenkrähen sind Allesfresser. Ihre Hauptnahrung besteht im Sommer aus Kleintieren, vor allem Insekten und deren Larven, die im Boden leben. Kleinsäuger, Jungvögel und Eier werden ebenso wie Pflanzenteile, Aas und Abfall verzehrt.

Kolkrabe

Corvus corax

Der Kolkrabe ist der größte Singvogel der Welt, obwohl er nach unserem musikalischen Empfinden eigentlich gar nicht singen kann. Aber darauf kommt es nicht an, denn die Qualität des Gesangs ist nicht unbedingt ein Kriterium für evolutionsbedingte verwandtschaftliche Zusammenhänge. Sehr reichhaltig ist aber das Repertoire an Rufen, denn Kolkraben haben ein hoch entwickeltes Lernvermögen, das sie auch in ihrem Sozialleben einsetzen. Viele Rufe haben nicht nur eine spezielle Funktion, sondern werden auch in Form und Bedeutung verändert, sodass sich regional oder sogar individuell »Sprachen« entwickeln können. Gutturale *krrok*, viel tiefer als die Rufe der Rabenkrähen, hört man von fliegenden Kolkraben, einzeln oder auch einige Male wiederholt. Sitzende Raben rufen *wrrru* … Dieser Ruf, obwohl er eher gedämpft klingt, ist weithin zu hören, besonders wenn er von steilen Felswänden im Hintergrund verstärkt wird. Kolkrabenpaare halten ein Leben lang zusammen, die Partner stellen sich vor allem im Winter und zeitigen Frühjahr immer wieder mit Flugspielen aufeinander ein. Dabei ertönen schnell gereihte *krokrokro*… Der Gesang ist ein leises Schwätzen mit knarrenden und gurgelnden Lauten, zwischen die auch Imitationen eingebaut werden. Von Hand aufgezogen, können Kolkraben, wie auch Dohlen, menschliche Wörter lernen. Wenn Kolkraben in der Nähe vorbeifliegen, hört man ein pfeifend-wetzendes Fluggeräusch.

Mit einer Körperlänge von 54–67 cm und einer Flügelspannweite von 120–150 cm sind Kolkraben etwas größer als Mäusebussarde. Nicht nur die Größe, sondern auch der mächtige Schnabel und der im Flugbild vorgestreckte Kopf gemeinsam mit dem keilförmigen Schwanzende machen den Vogel schon auf große Entfernung kenntlich.

Durch langjährige Verfolgung war der große Rabe vor allem in Rückzugsgebiete in den Alpen, einigen waldreichen Mittelgebirgen und großen Waldungen im Tiefland zurückgedrängt worden. Mittlerweile haben sich infolge wirksamer Schutzmaßnahmen die Bestände erholen können. Kolkraben besiedelten viele Waldgebiete erneut und sind heute bei uns wieder in weiten Teilen heimisch. Ihre Nester stehen auf Bäumen, in Felswänden und neuerdings auch auf Gittermasten. Häufig verfügt ein Paar über mehrere Nester im Revier. Kolkraben leben von Aas, holen sich die Nachgeburt von größeren Gras fressenden Säugetieren und können sogar Jungtiere von Schalenwild überwältigen. Sie verzehren aber auch viele Kleintiere, von Würmern und Mollusken bis hin zu Mäusen, und halten sich an organischen Abfall. Systematische Kälber- und Lämmerkiller sind sie nicht. Übertriebene Berichte dazu haben sich als nicht haltbar herausgestellt.

DER KOLKRABE IST DER GRÖSSTE SINGVOGEL DER WELT.

EIN STAR IM FRÜHJAHR. IM HERBST TRÄGT ER VIELE WEISSE PUNKTE.

Star

Sturnus vulgaris

Auf der Sitzstange vor einem Nistkasten oder auf der Fernsehantenne auf einem Dach läutet ein Star mit seinem Gesang den Frühling ein. Dabei hat er seinen gelben Schnabel gegen den Himmel gerichtet, etwas abgestellte und flatternde Flügel und gesträubte Kehlfedern. Er legt sich richtig ins Zeug mit schwätzenden, schnurrenden, schnalzenden Lauten, die er in bunter Folge vorträgt. Dazwischen ertönen melodisch nach oben gezogene Pfiffe wie *hoid* oder *zieho.* Manche Phasen klingen geradezu zweistimmig, andere bauchrednerisch. In dem ständigen und oft überraschenden Wechsel innerhalb des eiligen Vortrags klingen täuschende Imitationen anderer Vogelstimmen. Besonders klar hört man den Pfiff des Pirols, das Tixen einer Amsel, das *hiäh* eines Mäusebussards oder das *köw* eines Blässhuhns. Wenn man das leise knarrende Bauchreden dazwischen überhört, hält man tatsächlich überrascht Ausschau nach den imitierten Vögeln. Auch die Rufe sind vielgestaltig: Mit heiseren *ärr* oder *tjürr* fliegen Stare auf. Scharfe *spett spett* und am Nest quäkende *stääh* sind Warnrufe. Mit heiseren *dschrr* betteln die Jungen im Nistkasten. Im Sommer hört man diese Bettelrufe dann überall von den ausgeflogenen Jungen. Ab Ende August bis tief in den Herbst hinein und manchmal im Winter singen auch die Altvögel wieder, zwar nicht so hingebungsvoll wie im Frühjahr, aber oft vielstimmig im Chor.

Auf den ersten Blick haben Stare mit ihrem dunklen Gefieder starke Ähnlichkeit mit Amseln. Sie sind mit 19–22 cm Körperlänge allerdings etwas kleiner und haben einen deutlich kürzeren Schwanz. Auf dem Boden hüpfen Stare nicht wie Amseln, sondern trippeln auf ihren kürzeren Beinen etwas ruckartig hin und her. Im Flug ist der dreieckige, spitz zulaufende Flügel ein gutes Kennzeichen. Im Prachtkleid ist das Gefieder des Männchens einheitlich schwarz mit grünviolettem Metallglanz, und der gelbe Schnabel hat eine blaugraue Basis am Unterschnabel. Im Prachtkleid des Weibchens ist die Basis des Unterschnabels gelblich weiß, und auf den Federn der Unterseite sind einige helle Flecken zu sehen. Ab Hochsommer ist im Schlichtkleid der Schnabel bei beiden Geschlechtern grau und das dunkle Gefieder über und über mit gelbweißen Flecken besetzt. Man spricht dann auch von Perlstaren. Die Jungstare tragen im Sommer ein hell schmutzig braunes Federkleid mit heller Kehle. Gegen Herbst legen sie dann das Kleid der Perlstare an.

Stare ernähren sich vor allem von Kleintieren aus den obersten Bodenschichten. Im Sommer und Herbst stellen sie sich auf Beeren und Obst um und tauchen in meist großen Schwärmen in Obst- und Weingärten auf. Doch in letzter Zeit ist die Zahl der Stare stark zurückgegangen.

Pirol

Oriolus oriolus

An einem sonnigen Tag Mitte Mai ist aus den dichten Kronen der alten Laubbäume im Park ein flötendes *düdlio* zu hören, selbst wenn die Sonne gegen Mittag schon warm herunterscheint und sich nur noch wenige Vögel zu Wort melden. Doch der Pirol, einer unserer auffälligsten Vögel, ist schwer zu beobachten: Er versteckt sich im Laub der Bäume und wechselt – den unterschiedlichen Orten nach zu schließen, von denen sein Gesang zu hören ist – häufig seinen Standort. Am ehesten sieht man das Gelb des Männchens für einige Sekunden aufleuchten, wenn der Vogel schnell in einem kurzen eleganten Bogen zwischen den Bäumen fliegt. Obwohl man ihn selten sieht, ist der Pirol wegen seines Gesangs schon vielen aufgefallen. Der deutsche wie der lateinische Name sind dem *düdlio* nachempfunden, genauso wie die norddeutsche Bezeichnung »Vogel Bülow« und der französische Name Loriot, der dem großartigen deutschen Humoristen Bernhard-Viktor (Vicco) von Bülow als Künstlername diente. Pirole können aber auch anders: Sie verfügen über einen nicht weit zu hörenden Plaudergesang, melden sich bei Störung mit rauen, heiseren *wjäächk* oder *chräi* und rufen im Flug scharf zweisilbig *jick jick*.

Mit 22–25 cm ist die Körperlänge des Pirols etwa mit der Größe einer Amsel vergleichbar. Das Männchen ist leuchtend gelb mit schwarzen Flügeln, schwarzem Schwanz und einem rötlichen Schnabel. Bei einjährigen Männchen ist auf der Oberseite noch viel Grün zu sehen, und die weißliche Unterseite zeigt an den Flanken einige feine Striche. Die Weibchen sind auf der Oberseite durchgehend grün, ihre weißliche Unterseite ist fein längs gestrichelt. Am Bauch oder an den hinteren Flanken ist ein Hauch Gelb zu erkennen, der den auf der Oberseite grünen Jungvögeln fast völlig fehlt.

Pirole überwintern im tropischen Afrika und sind nur von Mai bis August bei uns. Die späte Ankunft im Frühjahr hat in manchen ländlichen Gegenden zu dem Namen Pfingstvogel geführt. In lichten sonnigen Laubwäldern, Auwäldern und anderen wassernahen Baumbeständen, aber auch in Parkanlagen und großen Gärten mit Laubbäumen in lockeren Siedlungen kann man ihnen begegnen. In Bergwäldern und kühleren Gebieten fehlt er. Auf dem Zug lassen sich einzelne Pirole manchmal auch in alleinstehenden Bäumen sehen. Das Pirolnest ist kunstvoll in eine Astgabel geflochten, meist hoch oben in einem Laubbaum. Die Nahrung besteht aus Insekten und deren Larven. Ab Sommer spielen fleischige Früchte und Beeren eine wichtige Rolle, wobei Kirschen auch an die Jungen verfüttert werden. Auf ihrem Durchzug in Südeuropa sind Pirole reine Früchtefresser und ernähren sich von Oliven, Maulbeeren und Feigen.

PIROLE LEBEN IN BAUMKRONEN VERSTECKT UND SIND DAHER NUR SCHWER ZU SEHEN.

HAUSSPERLINGE IM SOMMER: BEI DEN MÄNNCHEN (LINKS) IST DER SCHWARZE KEHLLATZ NOCH TEILWEISE VERDECKT.

Haussperling

Passer domesticus

Haussperlinge gibt es fast überall, wo Menschen leben. Der anpassungsfähige Vogel ist heute einer der am weitesten verbreiteten Vögel der Welt. Wo es ihn ursprünglich nicht gab, wurde er vom Menschen eingeführt, und zwar in alle Kontinente außer der Antarktis. Haussperlinge leben so gut wie immer in Gruppen, deren lebhaftes Schilpen aus Büschen und Hecken oder in Hinterhöfen der Großstadt zu hören ist. Rhythmisches Schilpen wie *tschilp* oder *tschirrp* ersetzt den Gesang. Bei Erregung klingt es *tschet-tschet* …, in aggressiver Stimmung *tscheretetet* … oder ratternd *tscher-r-r-r-r-r*. Bei hoher Alarmstufe hört man aus den Rufen *i* oder *ü* heraus, sie klingen dann wie *quiir* oder auch *krüü* … Im Flug lassen Sperlinge kurze *tschuip* oder weiche *wäd* vernehmen. Es ist nicht immer leicht, Haussperlinge dem Gehör nach sicher von Feldsperlingen zu unterscheiden.

Die Vögel messen 14–16 cm. Sie wirken robust mit ihrem kräftigen konischen Schnabel. Im Prachtkleid sind die Männchen alles andere als unscheinbar grau: Der graue Scheitel ist an den Seiten und im Nacken von breiten kastanienbraunen Säumen eingefasst. Die Halsseiten sind weißlich, das Gesicht ist düster grau. Die Augenpartie und ein großer Kinn- und Brustlatz sind schwarz, zur Brutzeit auch der Schnabel. Der bräunliche Rücken ist mit kräftigen schwarzen Längsstreifen besetzt, und auf dem Flügel ist eine weiße Binde zu erkennen. Weibchen und Jungvögel sind auf der Unterseite düster grau, oberseits verwaschen braun mit schwarzen Streifen. Meist kann man einen hellbeigen Überaugenstreif erkennen. Bei den Männchen im Schlichtkleid ist der schwarze Kehllatz noch klein.

Haussperlinge leben von Insekten, Samen und weggeworfenen Nahrungsmitteln. Sie kommen auch regelmäßig an Futterhäuser. In der Regel bauen sie ihre Nester in Löcher von Mauern, unter Dachbalken oder auf einem Mauervorsprung, gelegentlich in einer dichten Hecke, selten auch einmal auf einem Baum. Lange Zeit hatten Sperlinge unter dem Ruf zu leiden, große Schädlinge für den Getreideanbau zu sein. So wurden sie intensiv verfolgt und ihre Verfolgung sogar mit Prämien gefördert. Doch das hatte wenig Einfluss auf ihren Bestand, auch wenn in manchen Teilen Europas mittlerweile dramatische Bestandseinbrüche eingetreten sind. Weniger Insekten, Einsatz von Pestiziden und andere Umweltbelastungen könnten die Ursachen dafür sein. Der Rückgang in modernen Großstädten, der erst in jüngster Zeit aufsehenerregende Dimensionen erreicht hat, hängt wohl damit zusammen, dass in modernen Beton- und Asphaltwüsten selbst der clevere Haussperling keine Nahrungsgrundlage und Nistplätze mehr findet.

Feldsperling

Passer montanus

Feldsperlinge haben sich bei uns nicht so eng an den Menschen angeschlossen wie Haussperlinge. Sie leben mehr am Rand von Dörfern, vielleicht in einer Kleingartenkolonie, aber vor allem draußen in Hecken und Gehölzen im landwirtschaftlich genutzten Umland. An den Rändern wagen sie sich auch ein Stück in die Wälder vor. Nur dort, wo Haussperlinge fehlen, leben Feldsperlinge auch zwischen Häusern. Das ist im großen Stile in Ostasien der Fall. Hier gibt es keine Haussperlinge, und der Feldsperling ist in den großen Metropolen zum Haussperling geworden. Der häufigste Ruf *tschipp* klingt höher als die Rufe des Haussperlings. Ganz typisch sind nasale zweisilbige *tsuwitt*. Beim Abfliegen hört man harte *tett-ett-ett-ett* oder auch weichere *dschäd* ... Als gesellig lebender Vogel hat auch der Feldsperling für die Partner im Schwarm ein reiches Repertoire an einzelnen Rufen. Man muss sich jedoch ein wenig einhören, wenn man ihn sicher von Haussperlingen unterscheiden möchte.

Mit 12,5 – 14 cm Körperlänge sind Feldsperlinge etwas kleiner als Haussperlinge. Die Männchen und Weibchen haben die gleiche Färbung. Wichtige Unterschiede zum Haussperling sind der einheitlich braune Oberkopf ohne grauen Scheitel, ein weißes Gesicht mit einem schwarzen Fleck auf der Wange und ein fast geschlossener weißer Halskragen, den man auch im Flug gut erkennen kann. Das schwarze Lätzchen ist auf die Kehle beschränkt und reicht nicht bis zur Brust. Jungvögel sind etwas matter gefärbt als Altvögel.

Feldsperlinge leben im Sommer vor allem von Insekten, aber auch Samen und Körner spielen zu jeder Jahreszeit eine wichtige Rolle. Im Winter gesellen sich Feldsperlinge im Agrarland oft zu Haussperlingen, Finken oder Ammern und kommen auch ans Futterhaus. An den Brutplätzen bilden sich in der Regel kleine Kolonien, und die Nester sind in Höhlen untergebracht. Baumhöhlen in dichter Nachbarschaft zueinander sind allerdings selten geworden. Häufig beziehen Feldsperlinge auch alte Brutröhren in einer Uferschwalbenkolonie. Heute sind sie zudem vielerorts zu Bewohnern von Nistkästen geworden. Das war anfangs mit Hindernissen verbunden, weil Feldsperlinge wie Haussperlinge als Schädlinge galten und man ihre Nester zugunsten von Meisen aus den Kästen entfernte. Ihre Bestände haben wie bei vielen Vögeln, die in Agrarlandschaften vorkommen, mittlerweile stark abgenommen, sodass auch der Feldsperling zusammen mit dem Haussperling bei uns auf der Vorwarnliste der gefährdeten Brutvögel steht.

FELDSPERLINGE HABEN EINEN BRAUNEN OBERKOPF UND EIN WEISSES HALSBAND.

EIN BUCHFINKENMÄNNCHEN IM PRACHTKLEID

Buchfink

Fringilla coelebs

Buchfinken trifft man überall dort, wo ein paar Bäume stehen. Im Frühjahr sind sie unermüdliche Sänger – den Finkenschlag hat wohl jeder schon oft gehört. Männchen, die noch kein Weibchen haben, singen alle 7 bis 15 Sekunden und kommen an einem Zwölfstundentag auf über 3300 Strophen. Der schmetternde Vortrag beginnt mit einigen schnell wiederholten scharfen Tönen, denen eine sich beschleunigende Reihe absteigender Laute anschließt, die dann mit einem Endschnörkel abgeschlossen wird, etwa *zit zit zit zizizizizizi tjiterilda*. Die Strophen sind dabei gut zu erkennen, die Endschnörkel jedoch sehr verschieden. Es gibt sogar Buchfinkendialekte, also regional unterschiedliche Gesangsformen. Als häufigsten Ruf – egal, bei welcher Art von Erregung – hört man einzeln oder in rascher Wiederholung ein helles *pink*, was dem Vogel den deutschen Namen Fink eingebracht hat. Kohlmeisen können das *pink* täuschend echt nachahmen. Ein raues *rrü* wird als Rülschen bezeichnet und als Regenruf interpretiert. Im Flug rufen Buchfinken weich *djübb*, Junge schilpen wie Sperlinge.

Mit 14–16 cm Körperlänge ist der Buchfink ein robust gebauter Finkenvogel mit einem mittelgroßen, konisch zugespitzten Schnabel. Er ist langschwänziger als ein Haussperling. In allen Kleidern sind Buchfinken an zwei breiten weißen oder zumindest hellen Flügelbinden, an den breiten weißen Schwanzkanten und einem grünen Bürzel zu erkennen. Im Prachtkleid ist das Männchen recht bunt: Kopfseiten und Brust sind rostrot, Scheitel und Nacken setzen sich blaugrau vom rotbraunen Rücken ab. Im Schlichtkleid sind diese Farben wesentlich gedeckter. Weibchen sind auf der Oberseite grünlich, die Unterseite ist weißlich grau, und die mehr gelblichen Flügelbinden sind schmaler.

Buchfinken kann man das ganze Jahr über bei uns sehen, allerdings handelt es sich dabei nicht immer um dieselben Vögel. Einige sind Standvögel, streifen aber weiter umher. In anderen Gebieten ziehen im Herbst alle oder auch nur ein Teil der Finken, wohl vor allem Jungvögel und Weibchen, in mildere Gegenden im westlichen Europa. Dafür sind wiederum Durchzügler und Wintergäste aus Norden und Osten bei uns zu erwarten. Im Sommer spielen bei der Ernährung Insekten die Hauptrolle, außerhalb der Brutzeit Samen verschiedener Pflanzen. Größere Schwärme halten sich bei entsprechendem Angebot vorübergehend an eine bestimmte Nahrungsquelle, wie etwa Bucheckern, von denen der Fink auch seinen deutschen Namen hat. Der lateinische Namen *coelebs* hängt mit Zölibat zusammen, denn in kälteren Gebieten ziehen viele Weibchen weg, und man sieht nur Männchen, die »ehelos« den Winter verbringen.

DIE MÄNNCHEN DES BLUTHÄNFLINGS ZEIGEN IM FRÜHJAHR VIEL ROT.

Bluthänfling

Carduelis cannabina

Wenn Bluthänflinge im Herbst oder Winter ruhelos von Busch zu Busch oder an vertrockneten Stauden nach Nahrung suchen, kann man die Gefiederzeichnung kaum erkennen. Charakteristische Merkmale sind lediglich ein brauner Rücken, aber vor allem ein sehr typischer Ruf, der etwas nasal und gedämpft wie ***tigitt*** oder *gegege* klingt. Im Frühjahr wird der Gesang mit schnell aneinandergereihten *gigigigigi* eingeleitet, dann folgen verschiedene Pfeiflaute und Triller, aber auch krähende oder gedehnte Laute – eine bunte Mischung ganz unterschiedlicher Elemente. Man hört Silben wie *piuu*, *tu-ki-**jübb*** oder gedehnte *djää* heraus. Der Herbst- und Wintergesang ist meist kürzer und vor allem sehr variabel, aber immer mit den kurzen Flugrufen durchsetzt.

Die Körperlänge des schlanken, relativ langschwänzigen Finken, den man außerhalb der Brutzeit meist in kleinen Schwärmen sieht, beträgt 12,5 – 14 cm. Brust und Stirn sind beim Männchen im Prachtkleid rot, im Schlichtkleid braunrot und teilweise durch hellere Federn verdeckt. Der Nacken ist in allen Kleidern grau. Weibchen haben kein Rot im Gefieder und einen deutlich braungrauen Nacken. Brust und Oberkopf sind mehr oder minder deutlich dunkel gestreift. Jungvögel sind am Rücken weniger zimtbraun als Altvögel.

Hänflinge leben in einer abwechslungsreichen Agrarlandschaft mit Hecken und Feldgehölzen, aber auch in Weinbergen, Heide- und Ödland. Als Samenfresser benötigen sie eine vielfältige samentragende Krautschicht. Meist brüten mehrere Paare in einer lockeren Kolonie nahe beieinander. Die Nester stehen in Hecken und Büschen. Die Bestände haben abgenommen – Nahrungsmangel in der ausgeräumten Agrarlandschaft mag die Ursache sein.

BIRKENZEISIGE HABEN EINEN ROTEN VORDERSCHEITEL. DIE MÄNNCHEN TRAGEN AUSSERDEM VIEL ROT AN DER BRUST.

Birkenzeisig

Carduelis flammea

Ein schnelles, fast stakkatoartig ausgestoßenes *tschett tschett tschett* verrät uns zweifellos die Anwesenheit fliegender Birkenzeisige. Der normale Flugruf wird zumindest als Einleitung auch in den Gesang eingebaut, danach folgt ein surrender Laut. Mit diesem *tsche-tsche-tsche-tschrrrrrr* führt das Männchen meist mit langsamen Flügelschlägen einen bogenförmigen Singflug aus, es singt aber mitunter auch von einer exponierten Singwarte aus.

11,5–14 cm Körperlänge erreichen die rundlichen, kurzschwänzigen Birkenzeisige. Ihr Gefieder wirkt auf der Oberseite grau bis braungrau, auf der Unterseite weißlich bis beige, und es ist fast überall lebhaft dunkel gestreift. Eine helle Flügelbinde, ein kurzer Kegelschnabel und schwarzes Kinn, Schwarz um die Schnabelbasis sowie ein roter Vorderscheitel sind die Artkennzeichen. Bei den Männchen ist auch die Brust kräftig rot. Nordische Gäste sind geringfügig größer und ein wenig heller als einheimische Brutvögel, allerdings ist der Unterschied im Freien kaum zu erkennen.

Der mitteleuropäische Birkenzeisig ist seit jeher ein Brutvogel, der an der Waldgrenze in den Alpen vorkommt und daher auch Alpenbirkenzeisig genannt wird. Vor etwa 50 Jahren hat er sich als Brutvogel auch in höheren Mittelgebirgen ausgebreitet und ist im Westen und Nordwesten Deutschlands sogar in Gärten und Parks eingewandert. Er hat dort im Bestand stark zugenommen, scheint aber jetzt wieder abzunehmen. Eine andere sehr ähnliche Unterart, der Taigabirkenzeisig, ist bei uns Durchzügler und Wintergast, der manchmal sogar geradezu invasionsartig in großer Zahl bei uns erscheint. In der Nahrung spielen Baumsamen eine wichtige Rolle.

Stieglitz

Carduelis carduelis

Im Spätsommer und Herbst bewegen sich Stieglitze in hüpfendem Flug, mit fröhlich klingenden dreisilbigen *stickelitt* zwischen samentragenden Pflanzen. Dabei bevorzugen sie vor allem große Disteln, sofern noch einige das Rasenmähen aus wirtschaftlichen oder ordnungsliebenden Gründen überstanden haben. Die zierlichen Vögel rufen ihren Namen. Kommen sich zwei bei der Samenernte zu nahe, wird mit heiserem *tschrre* der Abstand wiederhergestellt. Auch der zwitschernde Gesang beginnt mit *stickelitt*-Rufen, dem schnelle Triller folgen. Die Strophe endet meist mit einem nasalen Krählaut, ähnlich *ziärr* oder *chriä*, bevor nach einer kurzen Pause die nächste beginnt. Oft singen die Männchen auf den Wipfeln höherer Bäume, häufig zwitschern auch mehrere mit hellen Stimmchen zusammen im Chor. Junge Stieglitze werden noch einige Zeit nach dem Ausfliegen von den Eltern gefüttert und betteln hartnäckig ohne Pause *di-wet-wet*.

Mit 12 – 13,5 cm ist die Körpergröße von Stieglitzen etwa mit der von Kohlmeisen vergleichbar. Die Vögel wirken meist recht schlank, und ihre lebhaften Farben machen sie unverkennbar: Die schwarzen Flügel werden von einem breiten gelben Streifen durchzogen, der vor allem im Flug auffällt, aber auch im Sitzen bei angelegten Flügeln gut zu sehen ist. Der schwarze Schwanz trägt wie der Flügel einige weiße Flecken. Das Gesicht der Altvögel ist rot, der Kopf schwarz-weiß. Jungvögeln fehlt die bunte Kopfzeichnung. Die Flanken der Unterseite, die bei den Altvögeln mehr oder minder rotbraun überflogen sind, sind bei Jungvögeln gestrichelt. Die Jungen tragen im Flügel ebenfalls die auffallende gelbe Marke, daher sind sie leicht zu identifizieren. Stieglitze haben einen relativ langen spitzen Schnabel, mit dem sie die Samen geschickt aus den Fruchtständen von Disteln, Sonnenblumen oder anderen Hochstauden herausziehen können.

Bei uns sieht man die Vögel das ganze Jahr über. Ein Teil von ihnen zieht allerdings im Herbst nach Westeuropa. Aus schneereichen Gebieten wandern sie vorübergehend in mildere Gegenden ab. Ihre Nahrung besteht hauptsächlich aus Samen von Bäumen und krautigen Pflanzen. Abwechslungsreiche offene und halb offene Landschaften mit Baumgruppen oder einzeln stehenden Bäumen und Büschen sind ihr bevorzugter Lebensraum. Sie brüten auch in Parkanlagen und Gärten, und außerhalb der Brutzeit sieht man sie häufig auf Ödflächen mit wild wachsenden Stauden. Im Winter kommen sie ans Futterhaus, vor allem wenn viel Schnee liegt. Die Nester sind sorgfältig gebaute, gut ausgepolsterte und mit Flechten getarnte Näpfe. Sie werden hervorragend versteckt in Bäumen oder hohen Sträuchern angelegt.

DIE BUNTEN STIEGLITZE HOLEN SICH IM WINTER SAMEN AUS VERBLÜHTEN KRÄUTERN UND STAUDEN.

IM WINTER SIEHT MAN ERLENZEISIGE IN SCHWÄRMEN AN SAMENTRAGENDEN BÄUMEN.

Erlenzeisig

Carduelis spinus

An einem grauen Wintertag lassen sich in einem lebhaften Schwarm kleiner gelblich grüner oder grauer Vögel, der für kurze Zeit in Erlen am Bach oder auch in eine Birke im Garten eingefallen ist, kaum Details erkennen. Wie bei anderen kleinen Finken verraten aber selbst bei ungünstigen Beobachtungsbedingungen die Rufe sofort, um wen es sich handelt. Erlenzeisige melden sich mit einem etwas weinerlich klingenden *zäi* oder *tulü*, und wenn der Schwarm beunruhigt das Weite sucht, hört man Reihen kurzer *tetetete* … Der Gesang ist ein schnelles Schwätzen, das sich schmetternd steigert und dann oft mit einem quetschenden Krählaut endet. Man kann ihn schlecht beschreiben, zumal im Winter oft mehrere Männchen gemeinsam einen ungeordneten Chor anstimmen. Dieser typische Gruppengesang ist schon ab Spätherbst zu hören. Zu Beginn des Frühjahrs singen dann einzelne Männchen hoch oben im Baum, und wenn es ernst wird mit der Brutzeit, führen sie dabei einen fledermausartigen Singflug aus.

Erlenzeisige messen 11–12,5 cm. Sie wirken klein und zierlich, haben einen relativ kleinen Kopf und einen kurzen, am Ende deutlich eingeschnittenen Schwanz. Die Grundfarbe des Gefieders ist Grün, das am dunkelsten auf dem Rücken ausgeprägt ist. Die dunklen Flügel zeigen im Flug eine gelbliche Binde, die Basis des dunklen Schwanzes ist ebenfalls gelb. Beim Männchen sind Oberkopf, Stirn und Kinn schwarz, Kopfseiten, Brust und Bürzel grüngelb, der weißliche Bauch ist dunkel gestrichelt. Bei den Weibchen ist der Oberkopf graugrün, die Brust gelbgrün überflogen und die weißliche Unterseite undeutlich gestrichelt.

Erlenzeisige brüten vor allem in Fichtenwäldern in höheren Berglagen, aber auch in Gärten am Rand von Siedlungen, wenn dort ausreichend große Fichtengruppen vorhanden sind. Darüber hinaus kommen sie in Laubgehölzen, vor allem in Auwäldern an Flüssen oder in Mooren vor. Während der Brutzeit ist allerdings ihre Anwesenheit an solchen Standorten, über die Jahre gesehen, eher unregelmäßig. Viel regelmäßiger kann man Erlenzeisige bei uns als Wintergäste erleben. Dann machen sie ihrem Namen alle Ehre, denn in Erlen, deren Samen sie fressen, kann man sie am ehesten finden. Aber auch viele andere samentragende Bäume sind für sie interessant. Vor allem Fichtensamen bilden zeitweise ihre Hauptnahrung. Selbst die Nestlinge werden mit aufgeweichten Samen, vorzugsweise Fichtensamen, gefüttert. Im Frühjahr sind Pollen und Nektar von Weiden, Knospen, frische Triebe, aber auch kleine Insekten wichtige Zusatznahrung. Die Nester sind meist hoch oben in Nadelbäumen versteckt.

Girlitz

Serinus serinus

Im Flug melden sich Girlitze mit einem silberhellen kleinen Triller, der sich wie *zir'l'l'l'l'l* anhört. Der Gesang dieses Vogels gehört zu den eigenartigsten unserer Gartenvögel. Es ertönt ein rasend schnelles Zwitschern, das quietscht und rasselt, als ob man einen Glasstöpsel im Schliff drehen würde. Der kleine Vogel hält bei dieser eindrucksvollen, wenn auch nicht sehr klangschönen Darbietung erstaunlich lange durch. Das Männchen singt von einer exponierten Singwarte aus, etwa einer Fernsehantenne auf dem Dach, oder wirft sich mit eigenartig langsamen Flügelschlägen in die Luft. Während dieses Schauflugs, bei dem es ununterbrochen singt, legt es sich mitunter regelrecht auf die Seite, sodass der Eindruck entsteht, der kleine Kerl sei flugbehindert.

Mit 11 – 12 cm Körperlänge ist der Girlitz unser kleinster einheimischer Fink. Er hat einen verhältnismäßig dicken Kopf, der den Körper insgesamt rundlich erscheinen lässt, und einen winzigen Schnabel. Rücken und Flanken sind immer kräftig gestreift. Bei den Männchen leuchten Stirn, Überaugenstreif, Halsseiten, Kehle und Brust zitronengelb, bei den Weibchen sind diese Regionen heller gelblich weiß. Der Rücken ist bei Männchen wie Weibchen grünlich, der Bürzel hebt sich beim Abflug gelblich oder hell grünlich davon ab. Girlitze sind immer etwas rastlos und fliegen hüpfend über längere Strecken.

Der Girlitz hat eine wechselvolle Geschichte, denn vor gut 150 Jahren war er noch ein Vogel der Mittelmeerländer und nördlich der Alpen unbekannt. In der Folgezeit ist er zielstrebig nach Mitteleuropa eingewandert. Heute gilt er bei uns als weitverbreiteter Brutvogel, der nur im äußersten Norden noch etwas spärlich ist. Die Ursachen für diese Ausbreitung liegen wahrscheinlich in der Ausdehnung der traditionellen Landwirtschaft, die zu halb offenen Landschaften und zur Erweiterung von Siedlungen geführt hat. Mildes Klima hat sicher auch dazu beigetragen. Heute brütet der Girlitz in menschlichen Siedlungen und außerhalb in halb offenen Landschaften. Wichtig ist eine Staudenschicht, die im Sommer Samen trägt. Das wird gegenwärtig immer mehr zu einem Problem, denn Girlitze sind auf Samen als Nahrung angewiesen – schon im Frühjahr auf milchreife Körner vieler Kräuter –, die in der Agrar- und Gartenlandschaft immer seltener werden. Die Nester stehen in Bäumen, in Sträuchern oder Rankenpflanzen. Gegen Ende Oktober sind mitteleuropäische Girlitze in mildere Gebiete Westeuropas abgezogen, ab Ende März kommen sie wieder zurück.

DER GIRLITZ IST DER KLEINSTE HEIMISCHE FINK.

VIELE GRÜNFINKEN LEBEN DAS GANZE JAHR ÜBER IN GÄRTEN UND PARKANLAGEN.

Grünfink

Carduelis chloris

Wenn im Frühling aus den Bäumen einer Allee oder vom Hausdach ein vermeintlicher Kanarienvogel trillert, singt mit hoher Wahrscheinlichkeit ein Grünfinkenmännchen sein weithin hörbares Lied – vielleicht sogar im eigenartig ziellosen, fledermausartigen Singflug. Mit Trillern, Pfiffen und schnellem Zwitschern klingt es etwa *djüpp-djüpp-djüpp djürrrrrr tuj-tuj-tuj dju**lit** tjip-tjip-tjip-tjip dürdürdürdür djürrrrrrr* ... Grünfinken klingeln, wie die Vogelliebhaber sagen. Eine andere Form des Gesangs ist weniger melodisch, nämlich ein vibrierendes krächzendes *dschrüüüüi* oder *schwoänsch*, das mit längeren Pausen wiederholt wird. Oft wird das »Schwunschen« auch mit dem »Klingeln« vermischt. In ihren Rufen sind Grünfinken ähnlich vielseitig. Lockrufe sind kurze *gjik* oder *djük*, sie können zu Trillern erweitert werden wie *djü-rüp-rüp*. Fliegende Grünfinken rufen härter als Buchfinken *djük*. Ausgeflogene Junge betteln hartnäckig *djiil djiil* ...

Mit etwa 15 cm Körperlänge ist der Grünfink vergleichbar mit einem Haussperling und deutlich größer als unser anderer grüner Fink, der Erlenzeisig. Körper, Kopf und vor allem Schnabel wirken kräftig und kompakt. In jedem Kleid ist am zusammengelegten Flügel ein schmales gelbes Feld zu erkennen. Auch an den Seiten der Schwanzbasis fallen beim Abfliegen gelbgrüne Felder auf. Bei den Männchen sind zudem Brust und Bauch gelbgrün, die Oberseite ist mehr graugrün, der Kopf an der Seite grau. Weibchen sind deutlich matter gefärbt, ihr Rücken ist bräunlicher. Man kann sie bei flüchtigem Hinsehen selbst aus der Nähe mit grauen Haussperlingen verwechseln, aber zumindest der dicke helle Schnabel macht den Unterschied deutlich. Jungvögel sind undeutlich gestreift und tragen zumindest andeutungsweise die gelben Abzeichen.

Grünfinken kann man überall an Feldgehölzen und Waldrändern, Alleen und in Parkanlagen, Friedhöfen und Gärten sehen und hören. Oft sind sie in der Nähe eines Hauses die auffälligsten und häufigsten Vögel. Als Standvögel verbringen sie das ganze Jahr bei uns, aber ein Teil zieht auch nach Süd- und Westeuropa. Im Winter zählen sie neben Haussperlingen zu den regelmäßigsten Besuchern an Futterstellen. Knospen, halb reife und reife Samen und fleischige Früchte bilden den Grundstock der Nahrung. Die Nester stehen innerhalb von Siedlungen an den verschiedensten Stellen, aber meistens gut versteckt. Beliebt sind Kletterpflanzen an Mauern, Bäumen und Grabsteinen, dichte Büsche und Bäume. Viele, vielleicht sogar die meisten Grünfinkenpaare ziehen zwei Bruten pro Jahr groß. Das Betteln der flüggen Jungen kann man schon ab Ende April und bei Spätbruten noch Ende August hören.

Gimpel

Pyrrhula pyrrhula

Das Männchen mit seiner roten Unterseite, seinem besonnenen, unaufgeregten Verhalten und seiner schwarzen Kappe ist wohl der Grund, warum man den Vogel von alters her auch Dompfaff nennt. Das Rot ist mit den roten Talaren der Domprälaten in Zusammenhang gebracht worden, die korpulent wirkende Gestalt des Vogels war wohl Anlass zur etwas despektierlichen Bezeichnung Pfaff. Auch der Name Gimpel ist etwas belastet, denn früher bezeichnete man damit einfältige Leute. Das hängt mit dem melancholisch klingenden flötenden Gimpelruf *djü* zusammen, den man oft zu hören bekommt. Er ist ein Kontaktruf, auf den Gimpel positiv reagieren. Das hat man früher zum Einfangen des beliebten Stubenvogels ausgenutzt. Dabei benutzte man einen Lockvogel, der mit seinen Rufen frei lebende Artgenossen, die Kontakt suchen, in die Falle lockte. Auch das ruhige Verhalten mag Anlass gewesen sein, dem Vogel keine hohe Intelligenz zuzusprechen. Vor einigen Jahren hat der Gimpelruf allerdings Verwunderung ausgelöst, denn plötzlich riefen im Winter einige Vögel statt des wohlklingenden *djü* einen gequetschten Ton wie aus einer Kindertrompete. Diese Trompeter- oder Trötengimpel sind wahrscheinlich Wintergäste aus einem Gebiet in Nordrussland und seit einigen Jahren alljährlich zu hören. Beim Auffliegen rufen Gimpel kurze, leise *bit bit* … Der Gesang wird ebenfalls leise, geradezu ein wenig zögernd vorgetragen. Er ist eine Mischung aus den Lockrufen, einigen schönen Flötentönen und kratzenden, oft etwas quietschenden Lauten. Man hört hohe *füü füü* und lange, etwas absinkende *püüüh* heraus. Ausgeflogene Junge geben mit anhaltenden *djel djel* … ihren jeweiligen Standort an.

Mit 15,5 – 17 cm Körperlänge und einer rundlichen, kompakten Gestalt zählt der Gimpel zu den großen Finken. Bei Männchen wie Weibchen sind Gesicht und Oberkopf schwarz. Beim Abfliegen fällt ein weißer Bürzel auf. Die Unterseite der Weibchen ist beigegrau. Die hell graubraunen Jungvögel haben kein Schwarz am Kopf.

Gimpel sieht man vor allem im Winter, dann sind sie auch Gäste am Futterhaus. Im Sommer leben sie sehr zurückgezogen und versteckt in Nadel- und Mischwäldern oder großen Parkanlagen mit dichten Busch- oder Jungholzbeständen. Die Nester sind meist gut in Nadelbäumen versteckt. Die Nahrung besteht im Frühjahr vor allem aus Knospen, später aus einer Fülle von kleinen Samenkörnern. Im Winter kommen häufig nordische Gimpel als Gäste zu uns. Dann sieht man die Vögel auch öfter in kleinen Trupps. Meist ist ein Männchen in Begleitung eines Weibchens. Zumindest manche Paare halten über Jahre zusammen.

GIMPEL SIEHT MAN AM BESTEN IM WINTER, WENN SIE AUS DEM WALD IN DIE GÄRTEN KOMMEN.

IN DIE MEISTEN GEBIETE ERST VOR KURZEM EINGEWANDERT: DER KARMINGIMPEL

Karmingimpel

Carpodacus erythrinus

Ein lautes Vogellied in gut gegliederten Strophen, die mit Pausen oft stereotyp wiederholt werden, sorgte vor etwa 50 Jahren unter Naturfreunden und Vogelkundigen für Aufregung. Das kräftige ***widje**-wüj-**widja*** des Karmingimpels mit seinen charakteristischen Sprüngen in der Tonhöhe war ein bis dahin völlig unbekannter Vogelgesang. Die ersten Vögel ihrer Art gelangten bei ihrem Vormarsch aus Osteuropa bis in den Westen und Süden Deutschlands. Seither singen Karmingimpel sogar in der Schweiz und an manchen Orten ihres neu besiedelten westlichen Areals jedes Jahr. Die Vögel kommen allerdings nach wie vor nicht häufig vor. In einigen Gebieten scheint die Zahl der Brutpaare sogar wieder etwas abgenommen zu haben – offenbar weil die singenden Männchen nicht überall Partnerinnen gefunden haben. Der Schwung der Expansion scheint, zumindest momentan, zum Erliegen gekommen zu sein. Es bleibt spannend, was die Zukunft für den Neueinwanderer bringt.

Mit 13,5 – 15 cm Körperlänge erreichen die recht langschwänzigen Karmingimpel nicht ganz die Größe von Gimpeln. Außerdem sind sie viel schlanker. Männchen, die bereits das dritte Kalenderjahr erreicht haben, zeigen sich mit karminrotem Bürzel und Kopf und ebenso gefärbter Brust. Der Bauch ist weiß, Flügel und Schwanz sind braun. Jüngere Männchen sind wie Weibchen sehr unauffällig braungrau ohne bemerkenswerten Kontrast. Man könnte sie auf den ersten Blick mit Haussperling oder Grauammer verwechseln. Der typische Finkenschnabel ist allerdings ein gutes Erkennungszeichen. Junge Männchen tragen zudem bereits die eine oder andere karminrote Feder.

Erst frühestens ab Mitte Mai ist der Gesang zu hören. Karmingimpel kommen spät aus ihren Winterquartieren zurück, die im Unterschied zu allen anderen bei uns brütenden Zugvögeln weit im Südosten liegen, nämlich in Nord- und Zentralindien. Vielleicht überwintern einige auch im Iran. Karmingimpel ziehen also jedes Jahr denselben Weg wieder zurück, den ihre Ausbreitung nach Westen über viele Jahre und Jahrzehnte genommen hat. Bei uns haben sie sich vor allem in halb offenen Landschaften mit einzeln stehenden Bäumen und dichten Büschen angesiedelt. Da sie im Frühjahr vor allem von den Knospen an Büschen und Bäumen leben, später im Jahr aber dann von vielen Samen der Wildkräuter, ist eine gut entwickelte Krautschicht Voraussetzung. Solche Bedingungen werden am besten in lichten Au- und Bruchwäldern, in Verlandungszonen von stehenden Gewässern oder in buschreichen Hochmooren erfüllt. Manchmal singt ein Männchen aber auch in einem Park, dann aber meist nur vorübergehend.

Fichtenkreuzschnabel

Loxia curvirostra

In hohem Tempo fliegen etwa sperlingsgroße Vögel mit raschen Flügelschlägen in einem kleinen Schwarm über die Wipfel eines dichten Fichtenwaldes. Harte, metallisch klingende *glipp glipp* ... verraten einen besonders interessanten Waldbewohner. Fichtenkreuzschnäbel gibt es zwar oft in großer Zahl, sie sind aber an vielen Stellen nur sehr unregelmäßig anzutreffen und schwer zu sehen, wenn sie hoch oben an Fichtenwipfeln herumturnen und durch die dichten Zweige verdeckt werden. Man hört von ihnen dabei häufig auch weichere *tjüg* oder gedämpftere *göp*. Der Gesang besteht aus deutlich voneinander getrennten kurzen Lauten, aus denen man die charakteristischen Flugrufe heraushören kann. Ein Männchen auf der Spitze einer Fichte trägt dann eine Folge vor, die in etwa wie *zjit-zjiz zäri zis ke-di ke-di döng-döng kip-kip-kip* ... klingt und dazwischen auch mit etwas gedehnten und gequetschten Lauten angereichert wird. Manchmal führt ein Sänger auch einen Singflug aus, oder es singen mehrere zusammen in einer Gruppe – sogar während eines Streckenflugs.

Die Körperlänge des kräftigen Vogels beträgt 15 – 17 cm. Er hat einen großen Kopf und einen dicken, seitlich etwas zusammengedrückten Papageienschnabel, dessen beide Hälften an der Spitze übereinander gekreuzt sind. So entsteht eine Spezialzange, die Schuppen in Fichtenzapfen anhebt oder auch abzwickt, damit die dazwischen liegenden Samen mit der Zunge herausgeholt werden können. Die ausgefärbten Männchen sind größtenteils rot, einjährige Männchen ziegelrot mit unterschiedlichen Anteilen an Gelborange und grünlichem Gelb. Die Weibchen sind graugrün oder gelblich grün, Jungvögel grau und an der Unterseite dunkel gestrichelt.

Die Hauptnahrung der Fichtenkreuzschnäbel bilden Samen von Nadelbäumen, vor allem der Fichte. Diese Nahrungswahl hat mehrere Besonderheiten im Leben des Vogels zur Folge. So können Kreuzschnäbel schon im Winter mit der Brut beginnen, weil mit Fichtensamen ausreichend Nahrung erreichbar ist. Aber auch im Herbst, wenn unreife Samen zur Verfügung stehen, ist eine Brut möglich. Bei anderen Nadelbäumen, wie Lärchen oder Kiefern, sind andere Legezeiten günstiger. Fichtenkreuzschnäbel sind flexibel in der Wahl ihrer Brutzeiten. Das müssen sie auch sein, denn Fichten produzieren nicht jedes Jahr in gleicher Menge Samen. Die Vögel wandern bei Nahrungsmangel ab, kommen manchmal fast invasionsartig in andere Gebiete und brüten auch an verschiedenen Orten je nach Samenangebot. Sie sind daher mitunter Nomaden ohne eine bestimmte Wanderrichtung.

FICHTENKREUZSCHNÄBEL ERNÄHREN SICH VOR ALLEM VON DEN SAMEN DER NADELBÄUME.

DIE MÄNNCHEN DER FICHTENKREUZSCHNÄBEL SIND ROT, DIE WEIBCHEN GELBLICH GRÜN.

Rohrammer

Emberiza schoeniclus

Im zeitigen Frühjahr ist das Schilf noch braun, viele der getrockneten Halme vom Vorjahr sind niedergedrückt und verfilzt, einige stehen in Büscheln oder einzeln aufrecht. Man sieht und hört noch nichts vom vielstimmigen Vogelleben im sommerlichen Schilf – mit Ausnahme eines feinen, etwas abfallenden *ziüh*. Es klingt kräftiger als der feine Ruf der Beutelmeise und kommt auch nicht aus dem Altschilf, sondern aus einem kleinen Busch, der im landseitigen Bereich der Verlandungszone zwischen Schilfhalmen steht. Der klare Ruf der Rohrammer ist von Vorfrühling bis Spätherbst zu hören. Man kann auch die singenden Männchen gut an Halmen oder auf kleinen Büschen sitzen sehen. Der schilpende Gesang besteht aus deutlich rhythmisch gegliederten Strophen, die meist etwas stotternd mit größeren Pausen vorgetragen werden. Einzelne Männchen haben oft unterschiedliche Strophentypen, die sie beibehalten. Das Lied klingt etwa wie *zja tit tai zis-siss-tai zir zissis* oder auch kürzer *djip djipdjipip ziö tetet*. Trotz unterschiedlicher Strophentypen ist das Lied immer anhand seiner Rhythmik mit den kleinen Verzögerungen und durch seine Klangfarbe als Rohrammergesang zu erkennen.

Mit 13,5 – 15,5 cm fällt die Rohrammer etwa in den Größenbereich eines Haussperlings. Das Gefieder der Oberseite ist überwiegend braun mit kräftigen dunklen und schmalen beigeweißen Streifen, und die Schwanzkanten sind weiß. Das Männchen im Prachtkleid fällt durch seinen schwarzen Kopf sowie die schwarze Kehle auf, von denen sich ein breites weißes Nackenband und ein weißer Bartstreif scharf abheben. Die Unterseite ist weißlich und nur an den Flanken schwach dunkel gestrichelt. Auch in anderen Kleidern sieht man meist andeutungsweise einen hellen und einen dunklen Bartstreif sowie einen gelblich braunen Überaugenstreif. Sonst ist der Kopf braun, die gelblich weiße Unterseite zumindest an den Flanken meist kräftig gestrichelt.

Rohrammern sind Vögel der Verlandungszonen von stehenden Gewässern, halten sich aber meist im landseitigen Bereich auf, in dem das Schilf nicht mehr im Wasser steht, der mit Weidenbüschen locker durchsetzt ist und wo eine dichte Krautschicht wächst. In milden Tieflandgebieten überwintern viele Rohrammern regelmäßig bei uns, in raueren Lagen wandern sie im Spätherbst ab, wohl meist nach West- und Südeuropa. Die Nahrung besteht im Sommer vorwiegend aus Insekten, die von Pflanzen abgelesen werden. Später werden dann vor allem halb reife und reife Samen verzehrt.

DIE SCHWARZKÖPFIGEN MÄNNCHEN DER ROHRAMMER SINGEN AUF BÜSCHEN IM SCHILF.

GOLDAMMERN SINGEN FAST DEN GANZEN SOMMER ÜBER.

Goldammer

Emberiza citrinella

Ein kleiner Vogel mit leuchtend gelbem Kopf sitzt in der Sonne auf einem Leitungsdraht am Rand einer kleinen Landstraße und singt unverdrossen *zizizizi-zizi-zii-düh*. Die Strophe der Goldammer gehörte so sehr zum traditionellen Agrarland, dass man sie mit den verschiedensten Sätzen unterlegte, zum Beispiel »ach wie hab ich dich so liieeb«. Manchmal fällt das betonte *zii* aus, die sich beschleunigende Tonreihe auf einer Höhe strebt dann ohne Höhepunkt dem etwas tieferen Abschluss zu, manchmal fällt auch der gedehnte tiefere Endton weg. Goldammern singen regional unterschiedliche Dialekte, und auch einzelne Männchen haben verschiedene Strophentypen nebeneinander im Repertoire. Oft wird unermüdlich bis weit in den Sommer hinein, über den ganzen Tag verteilt gesungen. Kurze *zick* oder *zrrrli* hört man beim Abfliegen, knappe *pt pt* und andere Silben in herbstlichen oder winterlichen Schwärmen.

Mit 15,5 – 17 cm sind die langschwänzigen Goldammern etwas größer als Rohrammern, die Männchen im Prachtkleid mit ihrem gelben Kopf unverkennbar. Der Kopf hat nur wenige kleine dunkle Markierungen, die gelbliche Unterseite ist an der Brust und an den Flanken rotbraun überflogen. Die Weibchen haben in ihrem überwiegend graugrünen Kopfgefieder nur wenig Gelb, ebenso auf der Unterseite, die vor allem an den Flanken kräftig schwarz gestreift ist. Die Oberseite ist bräunlich und lebhaft mit dunklen Längsstreifen besetzt. Die Schlichtkleider ähneln denen der Weibchen, Gelb ist jeweils nur in kleinen Anteilen zu sehen. In allen Kleidern ist aber der rotbraune Bürzel ein wichtiges Artkennzeichen. Die Schwanzkanten sind großenteils weiß.

Abwechslungsreiche halb offene und offene Landschaften sind der Lebensraum der Goldammer, wie Agrarlandschaften mit Büschen, Gehölzen und Hecken, sonnige Waldränder, Kahlschläge, Alleen und Windschutzstreifen. Im Winter halten sich die Schwärme an Stoppelfelder, Dämme, Ödflächen und auch Dorfränder. In Parks und Gärten fehlen sie. Abwechslungsreiche Agrarlandschaften mit Feldrainen und anderen Linienstrukturen, an denen Wildkräuter wachsen, sowie winterliche Stoppelbrache sind auf heutigen Wirtschaftsflächen selten geworden. Das hat überall bei uns zum Rückgang der Goldammer geführt, da vor allem die Nahrungsgrundlage, eine Vielfalt an Sämereien und Insekten, entscheidend geschmälert wird. Strukturvielfalt und Brachflächen könnten der Goldammer wie so vielen anderen einstmals häufigen und weitverbreiteten Ackervögeln helfen. Goldammern überwintern bei uns, weichen aber der kalten Jahreszeit auch durch Wanderungen nach Westen und Süden aus.

Grauammer

Emberiza calandra

Im offenen Grünland kann man an manchen Orten in fast ermüdender Gleichförmigkeit eine Strophe hören, die nach dem ersten Höreindruck gar kein Vogellied zu sein scheint. Vielmehr klingt sie wie der Gesang eines Insekts: *tück tück-zick-tik-zkzkzkztrrsssrrisss*. Nach zögerndem Beginn beschleunigen sich die Silben und steuern einem knirschenden, rasselnden Ende zu. Aus der Entfernung hört man oft nur den Schlussteil. Die fast tonlose Strophe ist das Lied der Grauammer, das man bei uns nur noch in wenigen Landschaften des milderen Tieflands zu hören bekommt. Im Flug rufen Grauammern kurz *zick*, man kann aber auch sehr schnell gereihte Rufe vernehmen, aus denen so gut wie kein Vokal herauszuhören ist.

Grauammern werden 16–19 cm groß und sind damit die größten Ammern. Sie sind alles andere als auffällig gefärbt: Der graue Grund ist auf der Oberseite kräftig dunkel gestreift und an der helleren Unterseite feiner gestrichelt. Der Schwanz hat keine hellen Kanten. Die Vögel fallen aber durch ihre Größe und den bulligen Körper auf, vor allem die singenden Männchen, wenn sie mit vorgewölbter Brust auf der erhöhten Singwarte stehen und nach Ammernart den Schnabel beim Singen weit aufreißen. Man sieht sie auch oft in einem Imponierflug mit durchgedrückter Brust und hängenden Beinen.

In einer Brutsaison verpaaren sich einzelne Männchen relativ häufig mit mehreren Weibchen, andere Männchen gehen dagegen leer aus. Im Winter sind Grauammern gesellig, bilden Schwärme und geben sich auch mit anderen Vögeln, etwa Goldammern, ab. Offene Landschaften sind der Lebensraum der Grauammer. Ihr Leben spielt sich dort hauptsächlich auf dem Boden ab. Das gilt für die Nahrungssuche, die im Sommer und als Futter für die Nestlinge vor allem Insekten und andere Kleintiere umfasst und sich später im Jahr mehr auf die Samen von Wildkräutern und Getreide konzentriert. Auch das Nest steht in busch- und baumfreier Umgebung, allerdings sehr gut in der Vegetation versteckt. Ein solcher Neststandort birgt heute in der Agrarlandschaft große Gefahren, da auf bewirtschafteten Agrarflächen zu Beginn der Brutzeit die Deckung für ein Nest einladend ist, dann aber, noch bevor die Jungen ausgeflogen sind, die flächendeckende Ernte die Bruten vernichtet. Grauammern geraten so regelrecht in eine ökologische Falle. Ihre Bestände haben daher in vielen Gebieten stark abgenommen, und die Art ist als Brutvogel bei uns gefährdet. Vor allem im Süden und Westen Deutschlands leben heute nur noch Restbestände, in den restlichen Regionen sind sie dagegen noch häufiger.

GRAUAMMERN SIND IN VIELEN GEBIETEN SELTEN GEWORDEN.

Register

→ Seiten

Weiterführende Informationen

BÜCHER, ZEITSCHRIFTEN

Peter H. Barthel & Paschalis Dougalis
Was fliegt denn da?
Franckh-Kosmos Verlag, Stuttgart 2006

Hans-Günther Bauer, Einhard Bezzel & Wolfgang Fiedler
Das Kompendium der Vögel Mitteleuropas (3 Bde.)
Aula-Verlag, Wiebelsheim 2005

Hans-Heiner Bergmann, Hans-Wolfgang Helb & Sabine Baumann
Die Stimmen der Vögel Europas (Buch und CD)
Aula-Verlag, Wiebelsheim 2008

Hans-Heiner Bergmann & Uwe Westphal
Grundkurs Vogelstimmen (Buch und CD)
Quelle & Meyer Verlag, Wiebelsheim 2010

Einhard Bezzel
Vögel beobachten
BLV Buchverlag, München 2002

Einhard Bezzel
3er-Check, Vögel: Treffsicher bestimmen in drei Schritten
BLV Buchverlag, München 2012

Hans-Joachim Fünfstück, Andreas Ebert & Ingo Weiß
Taschenlexikon der Vögel Deutschlands
Quelle & Meyer Verlag, Wiebelsheim 2010

Lars Svensson, Killian Mullarney & Dan Zetterström
Der Kosmos Vogelführer
Franckh-Kosmos Verlag, Stuttgart 2011

Der Falke. Journal für Vogelbeobachter
Aula-Verlag, Wiebelsheim (erscheint monatlich)

ORGANISATIONEN

Dachverband Deutscher Avifaunisten e. V. (DDA)
www.dda-web.de

Landesbund für Vogelschutz in Bayern e. V. (LBV)
www.lbv.de

Naturschutzbund Deutschland e. V. (NABU)
www.nabu.de

VOGELSTIMMEN IM INTERNET

Avisoft: www.avisoft.com/sounds.htm

Xeno-canto: www.xeno-canto.org

Die Autoren

JAN PEDERSEN ist Fotograf, Autor, Essayist und Exkursionsleiter. Mehr als zwei Jahrzehnte führte er weltweit Reisen zu naturkundlich interessanten Zielen. Außerdem arbeitete er als Betreuer und Führer in schwedischen Naturschutzgebieten. Er ist ein gefragter Kursleiter und Dozent bei populärwissenschaftlichen Veranstaltungen. Sein erstes Buch *I Arabiens öknar (In den Wüsten Arabiens)* wurde im Jahr 2000 vom World Wide Fund for Nature (WWF) zum Buch des Jahres für Kinder und Jugendliche erklärt. Weitere Publikationen des Autors sind *Sveriges fåglar – fälthandbok för alla (Die Vögel Schwedens – ein Feldführer für alle)* und zuletzt *Vilda Djur – 100 fantastiska arter och deras läten (Wildtiere – 100 fantastische Arten und ihre Lautäußerungen)*.

LARS SVENSSON ist Ornithologe und Publizist. Gemeinsam mit Dan Zetterström, Killian Mullarney und Peter J. Grant veröffentlichte er das Standardwerk *Collins Bird Guide*, das zum Bestseller wurde und 1999 und 2011 in Deutschland als *Der Kosmos Vogelführer* erschien. Außerdem ist Svensson Autor des *Identification Guide to European Passerines* und von zahlreichen Fachartikeln zur Bestimmung ähnlicher Vogelarten. Als bekannter Dozent und Vortragsredner hat er auch Fernreisen für Vogelbeobachter geleitet. Seit 1970 sammelt er Aufnahmen von Vogelstimmen. So zeichnet er für die Aufnahmen der CD verantwortlich, die dem Werk *Fågelsång i Sverige – 90 välkända fåglars läten (Vogelstimmen in Schweden – die Stimmen 90 bekannter Vogelarten)* beigegeben ist, das 1990 von Benny Anderson herausgegeben wurde.

EINHARD BEZZEL ist Biologe mit wissenschaftlichen und pädagogischen Staatsexamina in Biologie, Chemie, Geografie und Sozialkunde. Er wurde in Zoologie mit einer Arbeit über die Biologie der Enten promoviert. 33 Jahre lang leitete er die Staatliche Vogelschutzwarte Bayern in Garmisch-Partenkirchen. Er publizierte ornithologische Standardwerke, u. a. *Vögel in der Kulturlandschaft* und das zweibändige *Kompendium der Vögel Mitteleuropas*, und schrieb über 20 populäre Vogelbücher. 27 Jahre lang gab er im Auftrag der Deutschen Ornithologen-Gesellschaft, deren Ehrenmitglied er heute ist, das *Journal für Ornithologie* heraus, und zehn Jahre lang war er Chefredakteur von *Der Falke. Journal für Vogelbeobachter*. Seit über 60 Jahren beobachtet er Vögel auf allen Kontinenten.

Mehr über unsere Autoren und Bücher:
www.malik.de

Die schwedische Originalausgabe erschien 2011 unter dem Titel »Fågelsång« bei Bokförlaget Max Ström in Stockholm.

ISBN 978-3-89029-422-3

Text: Jan Pedersen und Einhard Bezzel
Vogelstimmen: alle Aufnahmen Lars Svensson, außer: Simon Elliot/British Library: Nr. 098; Jan-Erik Bruun: Nr. 013, 020, 026, 053, 063, 150; Musikverlag Edition AMPLE: Nr. 010, 027, 028, 042, 048, 068, 074, 083, 125, 152; The British Library. All rights reserved. License number 8873: Nr. 015, 099, 100.
Fotos: Jari Peltomäki: Umschlag hinten (alle, außer mitte und unten links), S. 12, 13, 22, 29, 38, 57, 64, 78, 92, 122, 133, 134, 142, 147, 152, 159, 160, 176, 179, 188, 206, 209, 213, 225, 226, 228, 229, 232, 236, 240, 247, 248; Jan Pedersen: S. 17, 18–19, 20, 25, 42, 53; Markus Varesvuo: Umschlag vorne und hinten mitte links, S. 8, 16, 21, 23, 26, 27, 30, 32–33, 35, 37, 41, 45, 47, 48–49, 54, 58, 61, 66, 67, 69, 71, 73, 79, 80, 81, 85, 87 (Nature Picture Library), 91, 95, 96, 100, 107 (Nature Picture Library), 111, 115 (Nature Picture Library), 112, 119, 121, 124, 126–127, 128, 129, 132, 140, 141, 145, 148 (Nature Picture Library), 149, 155, 158, 161, 162, 163, 164–165, 166, 167, 168, 169 (Nature Picture Library), 171, 174, 180, 184, 187, 190, 191, 194, 198, 200, 201, 203, 202 (Wild Wonders/Nature Picture Library), 218, 222, 231, 239, 243, 244–245, 246 (Wild Wonders/Nature Picture Library).
Von der Nature Picture Library stammen außerdem folgende Aufnahmen: Niall Benvie: S. 86; Hermann Brehm: S. 205; Pete Cairns: S. 88; Guy Edwardes: S. 74; Fergus Gill: S. 154; Jose Luis Gomez de Fransisco: S. 214; Charlie Hamilton James: S. 108; Paul Hobson: S. 123, 139; Ernie Janes: S. 84; David Kjaer: S. 62, 65, 82, 103, 150, 172; Peter Lewis: S. 70; Grzegorz Lesniewski: S. 177; Roy Mangersnes: S. 24, 217; George McCarthy: S. 14; Dietmar Nill: S. 197; Rolf Nussbaumer: S. 34, 136, 146; Andrew Parkinson: S. 77; Roger Powell: S. 144; T. J. Rich: Umschlag hinten unten links, S. 156; Andy Rouse: S. 193; Jose B. Ruiz: S. 72, 210, 235; Andy Sands: S. 7, 125, 137, 151, 173; David Tipling: S. 99, 104; Colin Varndell: S. 43; Dave Watts: S. 118, 182–183; Gerrit Vyn: S. 44; Wild Wonders of Europe/Lesniewski: S. 130; Wild Wonders of Europe/Nill: S. 221; Wild Wonders of Europe/Widstrand: S. 50; Alan Williams: S. 251; Mike Wilkes: S. 116.
Illustrationen: Jony Eriksson
Redaktion: Elisabet Sahlin
Bild- und Tonzusammenstellung: Jan Pedersen
Layout: Mikael Engblom
Satz: Kösel, Krugzell
Audio Module published by arrangement with becker&mayer! LLC, Bellevue, WA, www.beckermayer.com. All rights reserved
Tonaufbereitung und Endbearbeitung für das Abspielgerät: Steve Beck
Repro: Linjepunkt, Falun und Lorenz & Zeller, Inning a. A.
Druck und Bindung: Imago Publishing Limited 2012
Printed in China